NLL 국경선인가 분계선인가
- 서해 해상경계지역을 중심으로 -

NLL 국경선인가
분계선인가

- 서해 해상경계지역을 중심으로 -

양태진 지음

예나루

NLL 국경선인가 분계선인가

초판 인쇄 ㅣ 2011년 1월 24일
초판 발행 ㅣ 2011년 1월 29일

지은이 ㅣ 양태진
펴낸이 ㅣ 한미경
펴낸곳 ㅣ 예나루

등록 ㅣ 2004년 1월 5일 제106-07-84229호
주소 ㅣ 서울특별시 용산구 갈월동 8-3
전화 ㅣ 02-776-4940
FAX ㅣ 02-776-4948

ⓒ 양태진, 2011

ISBN 978-89-93713-17-6 03390

일원화 공급처 ㅣ (주)북새통 서울시 마포구 서교동 384-12
　　　　　　전화 ㅣ 02-338-0117　　FAX ㅣ 02-338-7160~1

이 책 내용의 일부 또는 전부를 재사용하려면 반드시
저작권자와 예나루 양측의 서면에 의한 동의를 받아야 합니다.
저자와의 협의에 의해 인지를 생략합니다.

차례

Chapter 1   시작하는 글 _ 7

Chapter 2   국토분단에 따른 분계선^{分界線} 설정 배경_ 11

    1. 38선 획정의 배경_ 11
        - 소련군의 선점을 우려한 미국_ 14
        - 군사적 요인에 따른 미소 양측의 38선 분할과 그 이후_ 17
        - 미소 양군의 38선상의 주둔_ 25
        - 6·25전쟁과 휴전^{休戰} : Armistice 및 정전^{停戰}의 개념_ 29

    2. 휴전협정과 휴전선 _ 29
        - 중공군의 참전과 국제사회에서의 휴전 논의_ 31
        - 군사분계선으로 대체된 38선_ 42

Chapter 3   휴전에 따른 NLL의 설정 배경과
                 서해 5도의 중요성_ 47

    1. NLL의 설정 배경_ 47
    2. 서해 5도 주변 수역이 북한측 관할이라는 억지 주장_ 53
    3. 서해 5도의 중요성_ 57
    4. 북한측도 인정해 온 NLL _ 60

Chapter 4   북한측이 주장하는 NLL _ 65

    1. 북한측이 주장하는 NLL과 규제 대상 구역 _ 65
    2. 국제법 및 해양법상으로도 부당한 북한측의 주장_ 71

Chapter 5   서해 5도 확보를 위한 전란 기간의 작전_ 75
        1. 서해 5도 주변 도서 확보 _ 75
        2. 휴전 이후 서해 NLL 인근의 북한측 전력 상황_ 80

Chapter 6   서해 5도와 주변 도서 상황_ 83

Chapter 7   휴전협정 이후 NLL 해상에서의 위반 사례_ 101

Chapter 8   NLL에 대한 북한측의 부당성과 제반 선언_ 119

Chapter 9   NLL에 대한 올바른 해석 _ 129

Chapter 10   NLL 관련 영토와 영해론_ 135

Chapter 11   맺는 말_ 149

부록 : 휴전협정 및 휴전협정을 보족하는 잠정협정문 _ 151
참고문헌 _ 260

chapter 01

시작하는 글

세계 제2차 세계대전이 끝난 이후 지구상의 여러 식민제국이 독립되는 가운데에도 몇몇 국가들은 국토가 양단되고 체제와 이념을 달리하는 분단국으로 남게 되었다. 그러나 점차 동서 양대 진영 간의 대립이 해소되어 가면서 분단국들은 통일국으로 전환되기 시작했다.

그러나 불행하게도 남북한은 지구상 몇 안 되는 분단국으로 남게 되면서 엄청난 민족적 역량을 소모하고 있다. 남북한 분단은 미소 양대국이 일본군의 무장해제를 명분으로 38선을 경계로 분할 점령한 것이 정치적 분할로 이어졌기 때문이다.

이러한 양상은 우리 민족의 의지와는 전혀 무관하게 분단의 비극을 초래하게 되었고, 남북 간의 대립 격화는 결국 동족상잔同族相殘의 비극을 불러오면서 기존의 38분계선은 휴전선으로 대치하게 되었다. 이후 반세기를 훨씬 넘긴 오늘에 이르기까지 상호 비방과 북한측의 무장 공작원의 침투, 8·18 도끼 만행 사건, 푸에블로호 납치, 대통령 암살 시도 등의 사건을 거치면서 적대적 긴장과 대치,

체제 우월성 경쟁을 계속해 왔다.

내륙에서는 남북 간의 분계선이 휴전선을 중심으로 고착화되어 오는 가운데 간헐적인 월경 문제와 충돌 사건이 있어 왔다. 한편 해상에서는 1977년 8월 1일부로 북한측이 일방적으로 해양법의 어떤 규정이나 원칙면에서 용납되기 어려운 위법적인 방법으로 군사경계수역을 설정하고 관할권 행사를 주장하며 휴전 협정에 따른 해상경계선을 무시, 도발하는 이중 전략을 구사해 오면서 분단 체제를 극복하는 데 따른 어려움을 가중시키고 있다.

그리고 휴전 협정상 서해 5도를 둘러싼 바다를 포함한 해상 군사분계선 이북의 전 해역이 북한측 영해인 동시에 군사통제수역이라고 하면서 섬 주민들의 생활 편의를 고려해 서해 5도 주변 일정 범위의 통항구역을 인정하되, 통항구역에 이르는 통항로는 북한측이 지정한다고 언급하고 있다.

1999년 9월 2일에는 이른바〈조선 서해 해상군사분계선〉을 선포하여 북방한계선의 무효화를 주장하면서 해상경계수역의 범위를 제시하고 이 수역에 대한 자위권 행사를 할 것이라고 하였다. 그리고 2000년 3월에는 서해 5도 통항질서를 발표하였다.

통항질서에 대해 서해 5도를 3개 구역으로 구분, 각 구역으로 출입하는 2개 수로를 지정하여 모든 미군함정, 민간선박 통항은 제1, 2수로만 이용하도록 하고 통항질서 미준수 시에는 무경고 행동을 하겠다고 하는가 하면, NLL[1] 인근에 방사포를 전진 배치하고

---

[1] 'Northern Limited Line'의 약자로 북방한계선으로 통칭해 오고 있다. 당초에는 동해상에서는 MDL(육지에서의 군사분계선을 의미) 연장선을 기준으로 하여 NBL(Northern Boundary Line)을 설정하였다. 1966년 7월 1일 유엔사령부·연합사령부가 정전 시 교전 규칙을 개정하면서 동·서해 모두 북방한계선을 NLL로 통일해 오늘에 이르고 있다.

동·서해 8곳을 해상사격구역으로 지정하는 등 이제까지의 휴전협정에 의한 북방한계선을 무시하려는 태도를 보이고 있다.

이러한 북한측 주장에 극히 일부의 인사들은 NLL선을 훼손하는 공동어로구역 설치에 따른 견해를 피력하는 잘못된 영토관을 내비침으로서 국체에 반하는 우려와 갈등을 부추기고 있어 남남 갈등의 한 축이 되고 있다.

이와 관련해 필자는 휴전협정에 의한 휴전분계선상의 서해 5도 해역관할권의 기존 입장과 남북한 간의 분계선 설정의 배경, 북한측의 해상경계선 선포의 부당성, 현행 헌법상의 영토조항에 따른 올바른 이해, 영토상에 명기되고 있는 국경**國境**, 계역**界域**, 변경**邊境** 등 분단국으로서의 분계선**分界線** 의미에 따른 차별성, 향후 영토조항의 재정립에 따른 견해를 피력함으로서 민족사적 정통성에 입각한 영토관을 제시하고자 한다.

chapter 02

국토분단에 따른 분계선^{分界線} 설정 배경

1. 38선 획정의 배경

국가간의 경계를 국경이라고 한다면, 일국 내의 행정관할을 비롯한 제반 경계는 일반적으로 분계라 통칭한다. 오늘날 남북한이 분단된 이래 국토분단의 획정선에 따른 38선이나 휴전선을 자칫 국경선의 개념으로 받아들이고 있는 성향은 분계선화되었던 또는 분계선화되고 있었던 38선과 휴전선의 설정 배경에 대한 그릇된 이해에 따른 것이 아닌가 여겨진다. 이에 분단의 시원이라 할 수 있는 38선 설정의 배경부터 먼저 살펴보고자 한다.

38선은 우리 민족의 자주의사와는 관계없이 제2차 세계대전의 전후 처리를 위해 전승 강대국들의 군사적 편의에 따라 획정된 분할선이었다. 1943년 12월 1일 미국·영국·중국 3개국 수뇌들이 카이로에서 회동, "일본의 침략을 제지하고 징벌하기 위하여 계속 싸워 나갈 것이며, 일본이 폭력과 탐욕으로 차지한 모든 영토로부터 추출되어야 하고, 조선인의 노예 상태에 유념하여 적당한 시기에 in due course 조선이 자유롭게 되고 독립하도록 하기로 결의하였다."고 공약하였다.2)

1943년 10월 미 국무장관 헐은 모스크바에서 소련측과의 회담 중, 10월 말인 30일에 스탈린으로부터 소련의 대일참전에 관한 최초의 언질을 받아냈다. 그는 모스크바에서 채택된 한 선언에서 공동의 적과 싸우는 그들로서는 적의 항복과 무장해제에 관련된 모든 사항에 같이 행동하기로 합의하였다.3)

이 합의를 근거로 미국측은 1945년 8월 일본이 항복할 때까지 한반도 점령 관리에 대하여 소련측과 여러 가지 협의를 자주 하게 되었다. 1943년 11월 23일 카이로에서 루즈벨트가 조선의 장차 지위에 대해 언급하자 장개석 총통은 한국에 독립을 부여해야 한다고 적극 주장하였고, 이에 루즈벨트도 동조하였다.4)

---

2) 'in due course'라는 표현은 Harry Hopkins가 작성한 초안에는 'at the earliest possible moment'이었으나 루즈벨트 대통령이 'at the proper moment'로 수정하였고, 이를 다시 처칠 수상이 'in due course'라는 표현으로 교정하였다고 Foreign Relation of the United States, The Conference at Cairo and Tehran, 1943(Washington D.C., 1961), pp. 399~404: Soon Sung Cho, Korea, op.cit., pp. 19~20에 기술하고 있고, U.S.Department of State, American Foreign Policy: Basic Documents, 1941~1949(Washington, D. C. : U.S.GPO, 1950, op.cit., p.20에도 같은 내용이 실려 있다.
이 당시 임시정부 주미 대표로 있던 이승만 박사는 이 구절을 한국 독립의 무기한 연기로 판단하여 반박 성명을 내고 미국무성과 대통령에게 서한을 보내 해명을 요구했으나 회답 없이 묵살당하였다고 위와 같은 책에 언급되어 있다.
3) U.S. Department of State, American Foreign Policy: Basic Documents, 1941~1949 (Washington, D.C.: U.S. GPO, 1950, p.13.
4) Robert T. Oliver, Synman Rhee; The Man Behind the Myth, New York: Dodd Mead, 1954, p.190.

1945년 2월에는 소련을 포함한 연합국 수뇌들이 얄타에서 회동한 가운데 소련이 일본에 대항하여 참전하는 대가로 러일전쟁 이전에 러시아가 만주 일대에서 장악하고 있던 경제적·군사적 이권들을 되찾아 가기로 양해하였다. 이와 동시에, 한국에 대해서는 독립의 실현에 앞서 일정 기간 신탁통치를 실시할 필요가 있다는 점에 의견을 같이 하였다.

이에 소련은 만주에서의 이권 확보를 발판으로 한국 문제에 대한 발언권도 굳히게 되었다. 이후 얄타회담을 통해 미국측에서는 소련이 한반도에 대한 입장을 지나치게 강화하여 일방적인 영향력을 행사하지 않을까 하는 우려가 높아지면서 만약의 사태에 대비하고자 하였다. 동시에 미국무성 기획입안자들은 한반도에서 군사점령에 관한 계획 수립에 착수하기 시작하였다. 1943년 하반기 이 계획 수립에 참여한 인사들에 관해 Bruce Cumings의 저서 『The Origins of the Korean War』에 언급하기를, 이들은 한결같이 한반도의 지정학적 위치를 감안하여 군사적 점령 문제가 제기되면, 소련이 한반도 거주민들에게 소련식 통치 방식을 부과시킬 수 있음에 관해 우려하였다.

다시 말해 소련은 극동지역에서 경제자원을 획기적으로 증대시킬 수 있고 부동항을 획득하게 되면 이 같은 여건을 바탕으로 중국과 일본에 대항하며 지배적인 전략적 위치를 확보할 수 있는 절호의 기회를 맞이하게 될 것이라 보았다. 즉, 소련의 한반도 점거가 극동에서 새로운 전략적 상황을 조성하게 되고 중국과 일본에 미치는 영향이 막중할 것이라고 전망하고 있었다.

그리고 소련의 한국 진출은 북부 태평양에서의 안보는 물론 미국의 안보에도 중요한 관심사였다. 따라서 한반도 내의 정치적 발전이 미국의 안보에도 지대한 영향을 미칠 것이므로 한반도도 미국의 중요한 관심사라고 확고한 입장을 표명하였다. 그러나 이러한 견해는 그 당시로는 외교적으로나 국방 문제에 있어서도 크게 영향을 미치지 못하였다.5)

소련군의 선점을 우려한 미국

1944년 미국무성 관계 지역국 간 위원회가 작성한 3월 29일자에서는 한반도가 해방될 때 어떠한 상황이 될지 예측하기 어려우나, 일본이 궁극적으로 무조건 항복하는 결과가 될 것으로 예측됨에 따라 중소가 인접국이라는 특수 사정을 고려해 미·영·중·소의 군대가 고루 대표권을 행사, 참여해야 한다고 언급하였다.

지역별 작전은 지역별 군정을 파생시키는 결과가 될 것이니 가능한 한 신속히 중앙집권적인 민정으로 전환시켜야 한다고 건의하였다. 그러나 이때까지만 하여도 신탁통치의 형태에 관해서는 아무런 의견이 제시되지 않았다.

이해 5월 4일자 미국무성 정책연구소에서 만일 소련이 조선을 과도 기간만이라도 단독으로 관리하게 된다면 심각한 정치 문제가 발생할 것이라고 경고하였다. 또한 조선의 정치 발전이 태평양 안보와 유관하다는 인식이 확산되면서 조선 통치행정에 미·영·중·소가 다 함께 맡아야 하며, 미국을 포함하는 어느 일국에 의한 독점은 배제되도록 하여야 한다고 하였다.6)

---

5) Foreign Relation of the United States, The Conference at Cairo and Tehran, 1944 Vol.V(1965), p. 1194.
6) 위와 같은 책, pp. 1224~1228.

이같은 설왕설래 속에 소련의 대일참전을 앞당기게 한 원폭투하는 한반도 분할의 고리가 되는 작용을 하였다. 원폭 제1탄이 떨어진 8월 6일 직후 3일이나 지연되었던 최고전쟁지도회의가 만약 즉각 개최되어 일본을 항복시켰더라면 제2의 원폭 피해도, 소련의 대일참전도 38선 분할의 비극도 초래하지 않았을 것이다.

그런데 불행하게도 소련은 일본의 패망을 눈앞에 두고 1945년 8월 8일에 대일참전에 따른 선전포고를 하였고, 8월 9일에 일본은 천황天皇의 존속만을 조건으로 하고 포츠담선언을 그대로 수락하는 데 의견의 일치를 보았다.[7]

이는 소련군의 참전 후 수시간 내에 나온 최초의 항복 방안이었으며 시간상 소련측 주일 말리크 대사가 도고東鄉 외상에게 선전포고 내용을 전달하려고 한 바로 그 날에 항복 결심을 통고하였다. 포츠담선언의 수락으로 전쟁은 끝나거나 중지되어야 했으나 전쟁은 소련측에 의하여 계속되었으며 오히려 격화되었다. 1945년 8월 9일 0시를 지나 극동 소련군은 만주의 서북동과 북한 북동 지역을 향해 전면 공격에 나선 가운데 별다른 저항 없이 한국의 북반부를 무난히 점령할 수 있었다. 즉, 소련군은 이해 8월 9일부터 남하하여 8월 12일에는 블라디보스토크에서 불과 100마일 떨어져 있는 북한 동해안의 주요 항구인 웅기와 나진에 진군해 왔다. 이에 반해 미군은 필리핀 군도에서 일본의 오키나와까지 간신히 진출해 온 실정이였다.

말하자면 미군의 위치는 한국으로부터 최단거리가 일본 오키나와 기지였다. 이 거리는 부산으로부터는 항공로로 무려 600마일이

---

7) 日本外務省編 終戰史錄 4, 東京 北洋社, 1977, PP. 82~88. 및 日本外務省編 日本外交100年小史, 東京 北洋社, 1977, P. 238.

나 되며 인천으로부터는 850마일이나 되는 거리이니 소련군에 비해 미군의 한국상륙은 시·공간상으로 비교가 되지 않았다. 미군이 한국에 상륙하려면 최소한 3주 이상이 걸릴 것으로 내다보았다.

이렇듯 사실상 종전을 목전에 두고 소련이 참전해 진격에 박차를 가하게 된 것은 1945년 7월 미소 수뇌가 포츠담에서 가진 연합군 참모장공동회의 때문이었다. 이 회의는 대일작전對日作戰에 따른 마무리를 짓기 위한 것이었으나, 한반도에 있어서 공동작전을 편다는 데 미국과 소련이 묵시적으로나마 의견의 접근을 봄으로써 연유된 것이다.

이러한 묵시적 양해는 한반도에 관한 한 전력면에서 지상 작전에는 소련측이, 해상 및 공중 작전에서는 미국측이 우위에 있었음을 염두에 둔 데 따른 것이다.

한반도에서의 공동작전문제와 관련해 당시 미국의 정책당국자들은 한반도의 전후 처리에 있어서 그 주도권을 소련에 주어서는 안 된다고 보고, 종전 뒤의 점령만은 두 나라가 공동으로 해야 하며 그후에 신탁통치에 들어가야 한다고 판단하였다. 이 당시 미국측은 폴란드 사태를 통해 소련군 점령하에 들어간 지역들이 공산체제화를 면하기 어렵다는 사실을 잘 알고 있었다.

원자폭탄이 떨어진 다음 일본의 항복이 시간문제로 되자 소련은 재빨리 대일 선전포고를 함과 동시에 만주를 거쳐 한반도로 들어오기 시작하였다. 이에 미국측은 일본측의 항복을 접수하기 위해 연합군이 진주할 책임구역을 나라별로 할당하고, 한반도는 38선을 기준으로 하여 당시 우리나라에 주둔해 있던 일본군의 항복과 무장해제를 위해 이남은 미국이, 이북은 소련이 담당하도록 하였다.

일본의 항복 직후 당시 미국의 트루만 대통령은 미육군태평양지역 총사령관인 맥아더 장군과 소련을 비롯한 관계국 정부에 이에 따른 동의를 구하였다. 이후 맥아더는 1945년 9월 2일 전후처리를 위한 미육군태평양지역 총사령부 일반명령 제1호를 포고, 한반도에 있는 일본군은 38선 이남은 맥아더 사령부에, 38선 이북은 소련 극동군 총사령관에게 항복하라고 명령하였다.

군사적 요인에 따른 미소 양측의 38선 분할과 그 이후

38선 분할에 따른 군사적 요인은 일본군 편제에 따라 관동군關東軍관할과 조선군朝鮮軍관할의 작전구역선作戰區域線에 의한 것이었으며, 동시에 편의상 이들의 항복을 받아들이는 역할분담 경계선이었다. 이로 인해 남북한은 38선을 분계로 하여 미소 점령군의 군정이 시작된 것이다.

상황이 이렇게 전개되었음에도 이상하게 미국 정부는 한반도 분할에 대한 연유에 관해 공식적인 언급이 없었다. 모스크바 3상회담에서 조선에 대한 5개년 간의 신탁통치안이 결정된 후 번스 미국무장관은 군사작전의 목적을 위해 조선의 점령은 미국과 소련이 38선에서 남과 북으로 분할하게 되었다고만 하였다.[8]

1945년 12월 미소는 모스크바 3상협정 제2항에 따라 한반도에 대한 향후 일정을 논의하기 위해 조선에서의 임시정부 구성에 대한 적절한 방안을 모색하고자 미국과 소련측 대표자들로 하여금 공동위원회를 설치하고자 하였다.

1946년 3월 20일 덕수궁에서 열린 제1차 미소공동위원회 개최

---

8) U.S. Department of State, Bulletin, December 30, 1945, p. 1035.

이전인 1946년 1월 16일 예비회담에서 미국측은 남북 간 경제교류 방안에 관심을 기울이는가 하면, 소련측은 앞으로 개최될 공동위원회에 조선측 대표를 참석시키는 데 초점을 두었다. 명분상 이들은 조선임시정부 구성을 위한다는 구실하에 회담에 임하였다. 이는 모스크바 3상협정 제3항인 "조선임시정부라는 기구와의 협의을 통해 신탁통치 문제를 논의해야 한다."는 내용 때문이었다. 그러나 이들의 만남은 당초부터 동상이몽同床異夢이었던 것이다.

1946년 2월 남한의 민주의원과 북조선임시인민위원회는 이렇게 해서 탄생된 것이다. 그런데 민주의원 대부분이 반탁운동을 전개하는 가운데 소련측은 3상협정을 반대하는 측을 위원회에 참여시킬 수 없다고 하여 회담은 무위로 돌아갔고, 이듬해 5월 21일 제2차 위원회가 개최되었지만 결국 결렬되고 말았다. 이후 남과 북에서는 분단 정부가 수립되고 강대국 간의 냉전이 심화되어 가는 가운데 남북 간의 적대감도 점차 깊어져 갔다.

1947년 번스 장관의 자서전에서 "일본의 항복에 군사지도자들은 38선 이북의 모든 일본부대는 적군赤軍에게 항복하고 그 이남의 부대는 미육군에 항복하도록 합의하였다."라고 하였다. 이 조치는 소련에 의해 수락되었으며 맥아더장군에게 보내질 일반명령 제1호에 포함되었다. 그런데 군사적 편의만을 위한 이 분할이 본래 의도와는 달리 정치적 고려하에 이루어진 분할이라는 설도 제기되었다. 이러한 가운데 결과적으로 38선은 소련과 미국의 점령지역 간의 분계선이 되고 말았다.[9]

이에 관해 1947년 3월 10일 미국무성 힐더링 극동담당 차관보의

---

9) James F. Byrnes, Speaking Frankly, New York: Harper & Bros., 1947, p. 221.

연설에서는 "여하한 경우에도 2개의 우호 열강 간에 이루어진 군사적 편의 이상의 것은 아니었다. 그 분계선은 의도적이며, 잠정적인 것으로 일본군의 항복을 받기 위하여 미소 간에 책임을 정하기 위한 것 뿐이었다."라고 하였으나 실제로는 인위적이며 임시적인 이 선이 조선 통일에 반하는 돌벽과 같이 서게 되었다.[10]

이어서 1947년에 간행된 38선 분할에 대한 미국무성 외교문제 해설서에는 "38선 분할은 미소 간에 일본군의 항복을 단순히 수락하는 목적만을 위하여 채택되었던 분계선이었으며, 미국으로서는 이 선이 인위적 장벽이 되리라고 당초에는 결코 생각지도 않았다."라고 밝히고 있다.[11]

1955년에 간행된 트루만의 두 권의 자서전에서도 "38선을 어느 쪽에서도 토의하려 하였거나 흥정하려 하지 않았다. 일반명령 제1호를 나에게 결재를 받고자 하였을 때도 38선 이남은 미군이, 그 선 북쪽은 소련군이 수락하는 것으로 규정되어 있었다. 번스 국무장관은 미군이 가능한 한 더 북쪽으로 올라가 항복을 받아야 한다고 제안하였다는 말은 들었다. 그러나 육군 당국은 거리와 인력난 등으로 극복하기 어려운 난관에 봉착해 있다고 하면서 난색을 표하였다. 만일 38선마저 소련이 반대했더라면 미군이 도착하기에는 너무 먼 곳이었다. 미군이 얼마나 멀리 북쪽까지 올라갔을까를 소련군의 저항을 생각하여 정하였더라면 그 선은 반도의 훨씬 남쪽에 그어져야 했을 것이다. 그런데 38선상에 그어짐으로써 우리는 고도古都인 서울을 확보할 수 있었다. 물론 그 당시는 38선이 일본의

---

10) U.S. Department of State, Bulletin, March 23, 1947, 연설은 미시간 디트로이트시 Economic Club of Detroit에서 1947년 3월 10일에서 행하여졌다.
11) U.S. Department of State, Foreign Affairs -Background Summary: Korea, Washington, D.C.: August 1947, p. 3.

항복을 수락하는 책임분담에 편리한 것 이외에는 다른 생각을 하지 못하였다. 조선 문제에 관해 토의된 것은 소련이 조선 독립을 성취시키기 전에 신탁통치 기간을 거치자는 것에 우리와 합의하였다는 것이 전부였다.12) 38선을 한반도 분할선으로 하는 국제적인 토의 대상이 된 적은 없었다. 그 선은 일본의 전쟁 체제가 갑작스럽게 붕괴됨으로써 한반도가 진공 상태로 이어지게 되었고, 이의 실질적인 해결책으로 우리가 제의하였을 뿐이었다. 우리는 그곳에 군대가 없었고 군대를 상륙시킬 선편船便도 없었다. 포츠담선언은 분명히 일본이 한반도를 장악하지 못하도록 표기하고 있었다. 미영소 참모총장들의 요담 때 소련의 대일참전과 함께 미소 해공군 작전 간의 경계선을 한반도의 일정한 지역에 긋기로 합의하였을 뿐이다. 지상군의 작전이나 점령을 위한 여하한 구역에 관하여서도 토의된 바 없었다. 이는 미국이나 소련의 지상군이 가까운 장래에 조선에 들어갈 것으로 기대되지 않았기 때문이다."13)라고 38선 분할의 입장을 밝히고 있다.

콜롬비아대학 교수이며 유엔헌장 기초자인 구드릿지 씨는 한반도 분할에 관하여 언급하기를 얄타에서 밀약된 것이 아니라 워싱턴에 있던 전쟁성의 건의에서 시발된 것이라 보았다.

분할 초안이 8월 11일 3성조정위원회에서 검토되고 8월 12~13일에는 합동참모본부의 수중에 있었는데, 이 당시 이미 소련군이 한반도에 진군해 와서 미군 단독으로 일본군의 항복 수락이 불가능하게 됨에 따라 그 차선책으로 소련군에 의한 조선 전체의 점령을

---

12) Harry S. Truman, Memoires: Years of Decisions, Vol.1, Garden City, New York : Doubleday&Co., 1955, pp. 444~445.
13) Harry S. Truman, Memoires, Years of Trial and Hope, 1946~1952, Garden City, New York: Doubleday, Inc., 1956, Ch. 21, p. 317.

저지하기 위하여 38선을 획정하였다고 풀이하고 있다.14) 그런가 하면 제2차 세계대전의 영웅인 마샬 장군은 다음과 같이 말하고 있다.

> They were afraid of what the communist would do to them, and they had legitimate worry. Up to that time, we had planned to attack Korea. But MacArthur's forces were spread out thin, and he felt that he needed at least a corps to invade Korea. But when we intercepted this message, we knew we could go in with a smaller forces…15).(연합군측은 공산주의자가 어떠한지, 그리고 이들의 참전 적법성 여부에 대해 우려하고 있었다. 이 당시 미군은 한국에 진군하려 계획하고 있었다. 그러나 맥아더 휘하의 병력은 넉넉하지 못하였다. 적어도 1개 군단의 병력이 필요할 것으로 보였다. 그러나 이 적은 병력으로 진군해 나갈 수 밖에 없었다.)

38선 획정 후 4년이 지난 이후인 1949년 6월 16일 미국 하원 외교위원회 증언에서 국무성 James C. Webb 차관이 38선 획정 전후 상황과 과정에 대해 이렇게 언급하였다. "일본의 최초 항복 제의가 1945년 8월 10일에 나왔다. 그 다음날인 8월 11일에 전쟁

---

14) Leland M. Goodrich, Korea : A Study of U.S. Policy in the United Nations, New York : Council on Foreign Relation, 1956, pp.12~13.
15) U.S. News & World Report, The Story Gen. Marshall Told Me, as reported by John P. Sutherland, November 2, 1959, pp. 50. 이 기사 인터뷰는 비밀로 하여 달라는 그의 요청에 따라 보관되어 있다가 그가 78세로 사망하자 1959년 10월 16일에 공개된 것이다.

⇧ 미국 특사 덜레스의 38선 시찰

성 장관은 국무장관에게 일반명령 제1호의 초안을 제출하였는데, 이는 맥아더 장군이 연합군 최고사령관으로서 일본 정부로 하여금 그의 모든 군대에게 하달하게 하는 것으로서 그 명령은 일반명령 제1항에 표시되어 있는 바와 같이 일본군의 지휘관들과 여러 지정된 연합군 사령관들에게 각기 항복 명령을 내리도록 하는 것이었다. 조선에 관하여는 제1항에서 북위 38선 이북의 군대는 소련군 사령관에게, 그 이남은 미군사령관에게 항복하도록 규정되어 있었다. 전쟁성의 일반명령 제1호의 초안은 8월 11일과 12일에 국무國務 전쟁戰爭 해군海軍 3성조정위원회 여러 회의에서 토의되었다. 동 위원회는 후반 회의에서 합동참모본부가 그 일반명령 제1호를 재검토하여 필요하면 개정할 때까지 검토를 연기하기로 합의하였다. 합동참모본부에 의한 일반명령 제1호의 검토는 8월 14일에 종결되었고, 이 초안은 국무 전쟁 해군 3성조정위원회에서 승인되었으며 대통령의 재가를 위하여 제출되었다. 대통령 재가 후 일반명령 제1호는 합동참모본부에서 1945년 8월 15일 마닐라에 있던 맥아더 장군에게 타전되었다. 동시에 이 일반명령 제1호는 모스크바에 있던 주소련 미군사사절단장인 딘 장군에게 참고로 송달되었고 동시에 스탈린과 영국 정부에도 전달되었다. 스탈린은 8월 16일 그의 회답에서 미국 정부의 안에 몇 가지 개정을 제시하면서도 38선 관계가 있는 동 명령 조항에 관해서는 아무런 언급도 하지 않았다. 유의해야 할 사항은 소련 군대가 8월 12일 북조선에 침공하여 들어갔을 때만 해도 일반명령 제1호는 검토 중에 있었다. 즉, 일반명령 제1호인 38선에 관한 조항은 맥아더 장군이 1945년 9월 2일에 공포하였다는 점이다."16)

1949년 6월 16일 미국 하원 외교위원회의 한국원조 심의를 위한 청문회에서 미육군성 기획작전국장 Bolt 소장은 38선을 최초로 고안한 자가 누구냐는 추궁을 받고 답하기를 "일본 군대의 항복을 받기 위하여 두 부분 간에 분할선을 긋는 결정을 내려야만 하였다."고만 답하였다.17)

주한 미군사령관 하지 중장은 1947년 10월 27일 기자회견에서 일본이 항복할 무렵 일본 군대의 배치로 인하여 연합국은 맥아더 원수를 통하여 38선 이북의 일본 군대는 소련에게, 그 이남의 군대는 미군에게 각각 항복하라고 지시하였다는 성명을 발표하였고, 11

---

16) U.S. House of Representatives, Hearings before the Committee on Foreign Affairs on H. R. 5330(Korea Aid Bill), 81st Cong., 1st sess Washington, D.C. 1949 pp. 3~9, 111~118. 맥아더 장군에 의해 한국의 해방에 대한 포고문 가운데 북위 38선 이남의 한국 영토와 그 국민에 대한 정부의 모든 권능은 당분간 본인의 권한하에 행사될 것이다. 이 포고문은 1945년 9월 7일 발효된다고 하였다.

17) Committee on International Relations, Selected Executive Session Hearings, Assitance Acts, [Maj.Gen. Charles L. Bolte, Diretor, Plans and Operation Division, Dept. of Army], Washington, D.C. 1976, p. 35.

⇧ 북한에서 남한으로 넘어오는 한 가족을 미군 병사가 살펴보고 있다.

⇧ 6·25전쟁의 포성이 멎고 휴전선이 그어지고 있다.

월 7일에는 상기 내용을 홍보문으로 내놓았다.[18]

이상의 증언과 회고담을 통해 38선 획정이 일본군의 항복을 받기 위한 조치라는 것으로 집약된다. 이 조치가 우리 국가의 운명에 지대한 영향을 미치고 있는 사실을 감안할 때 38선 분할의 실무 입안자를 미국 전략기획단장이었던 George Abe Lincoln 준장이라고 하기도 한다.

합동참모본부에서 건의한 내용이 국무 전쟁 해군 3성 조정위원회[State War Navy Coordinating Committee=SWNCC]에서 8월 14일 즉각 부의되어 그대로 통과, 동일자로 대통령의 재가를 받았고, 이 일반명령 제1호가 연합군 최고사령관에게 하달되었다. 그리고 8월 15일자로 연합국 원수들에게 송달되었다.[19]

소련군이 만주와 북조선 침공을 개시한 8월 9일 0시 5분부터 한반도를 분할하게 된 8월 10일밤 9시까지는 59시간이 걸렸다.

미소 양군의 38선상의 주둔

남과 북에 진주한 미소 양 진영은 자신들의 뜻에 의한 정치체제를 수립하면서 조국광복을 위해 멸사봉공한 대한민국 임시정부냐 건국준비위원회의 후신인 조선인민공화국을 일체 인정하지 않았다. 그리고 38선 이남에 있어서는 미군정만이 유일한 행정부임을 천명하고 일제가 자행하였던 총독부 체제를 답습하는 형태에서 서해안 지역인 황해도 여러 군 가운데 38선 이남으로 남게 된 옹진군

---

18) 서울신문, 1947년 10월 27일자.
19) Enclosure "A" to General Order No.1, in ibid., p. 657. 및 金基兆, 三八線 分割의 歷史, 東山出版社, 1994, p. 324.

과 연백군을 경기도 관할로 행정구역화하였다.

이렇게 설정된 38선은 시간이 흐를수록 이질적인 군정에 의해 점차 군사·정치적 의미로 분계선화되어 미 제24군단 예하 7사단의 일부가 옹진·개성·의정부·춘천·강릉을 잇는 선으로 경계를 짓고 각 지역별로 외곽 초소를 설치하고 중요 방어지역마저 진지 구축이나 축성조차하지 않았다.

이 당시 한국주재 미군사령관은 오키나와에 주둔하고 있던 미 제24군단 사령관인 John R. Hodge 중장으로, 그는 한국의 제반 정황에 대해 아무런 지식도 없는 일개 무관武官에 불과할 뿐, 군정을 실시해 본 경험이 없음은 물론 주변에 전문 막료조차 없었다.

이에 반해 소련군은 북한지역에 진주한 이후 곧바로 38선 부근을 요새화하기 시작하였다. 1945년 가을, 소련군은 서해 38선 남쪽인 옹진군 가천면 장현리의 길다란 등성이에 1개 소대 병력을 주둔시키고 통행을 제지하였다. 1946년 3월경에는 미소 양군측이 동행하며 38선 경계말뚝을 꽂는 등 분계선을 분명히 하고자 하였다.

나음날 4월에는 미군도 가신소동익교 긴니린에 1개 는베를 주든 시켰다가 이듬해인 1947년 10월에 철수하였다. 상황이 이러함에도 불구하고 미군의 일반명령 제1호는 "38선은 미소 양군 진주의 경계를 획정할 뿐 정치적 의미는 없다."[20]라는데 명시적 변화를 보이지 않았다.

1947년 7월부터 북한측은 기간조직을 끝내고 소련군이 철수한 후 곧바로 38경비대를 발족시켜 그 임무를 대체하게 하였으며, 이러한 38경비대는 북한정권 수립 후에도 38선 경비를 전담하면서

---

20) 한국전쟁사 4, 국방부 전사편찬위원회편, 1971, p. 269.

1949년 2월 이후에는 여단旅團으로 편성되어 보다 강력한 군사력을 과시하기에 이르렀다.

이같은 과정 속에 사실상의 남북한 분계선이 된 38선은 이제까지의 주변 주민들의 생활터전에 중대한 위협을 가져왔다. 그 실례로 1946년 10월경 옹진군 가천면 주앙몰 앞들에서 농작물 추수 중에 총격전이 벌어졌고, 이듬해인 1947년 봄 장현리 새몰에서 총격 참사로 희생자가 발생함으로써 38선 획정 이후 동족 간에 첫 희생자를 내는 불상사가 일어났다.

이어서 농업용수 문제로 인해 충돌을 발생케 하였다. 즉, 옹진군 내 은동 저수지 상동큰 저수지 수문은 38선 이남에 있는 데 반해, 중동작은 저수지 수문은 38선 이북에 있어 북한측이 남쪽으로 통하는 수로를 단수케하여 농사를 짓기 어렵게 되자 양측 간에 충돌도 일어났다.

이 문제를 협상하고자 남한측은 관련 대표 10명을 북으로 보냈으나 북한측은 협상을 외면하고 이들을 황해도청 소재지인 해주로 끌고가 관광과 회유로 세뇌시키려 하다가 보름이 지나서야 돌려보내는 등 문제해결은 커녕 양측 간에 감정만 격화시켰을 뿐이었다.

이후 남한측에서는 북으로 가는 수로를 열었으나 북한측은 남으로 흐르는 수로를 막고 북쪽으로만 흐르게 하였다. 이에 부득이 남한측에서는 오망골 앞 수문을 폭파하고 북쪽 수문을 막을 수 밖에 없었다. 이로 인해 남북 간에는 총격전이 벌어지게 되었다.

옹진군 내 교정면 역시 3분의 2가 북한에, 3분의 1이 남한에 남게되어 수난을 겪었다. 이와 같은 농업용수 문제는 1946년 5월 8일 연백군 38경계선상의 구암저수지에서도 동일한 상황이 벌어졌다. 즉, 연백평야의 관개수리 시설은 상·하 구암저수지鳩岩貯水池가

계단식으로 설비되어 위쪽에 있는 상단의 저수지가 38선 이북에 속함에 따라 북한측은 영농기에 아래 저수지로 통수通水를 거부하고 적기에 물을 흘려보내지 않는가 하면, 심술궂게 장마철에 쓸데없이 수문을 열어 대량의 물벼락을 맞게 하여 농사를 망치게 하였다. 또한 통수의 대가를 요구하는 억지를 부리기도 하였다.[21] 위와 같은 사태는 규모와 성향에 차이는 있으나, 동단東端의 강원도 양양에서 서단西端인 교정면의 서해안으로까지 이어졌다.

1948년 초에는 38선 접경지인 교정면 난천리와 건전리 대다수의 민가가 방화로 소실되고 주민들은 흩어졌다. 사태는 점차 악화되어 1949년 5월 21일 인민군이 월경하여 국사봉을 점령하니 남북한 양측의 정규군이 최초로 접전을 벌였고 이후 남북한은 38선상에서 본격적으로 대치하게 되었다.

1949년 5월에 접어들면서부터 38선 전 지역에 걸쳐 그 어느 때보다 긴장감이 고조되었다. 그 첫 사례가 1949년 5월 3일 개성 송악산전투였다. 이 전투를 통하여 양측 정규군의 전력을 평가할 수 있는 최초의 충돌이 일어났고[22] 때를 같이해 서해안 지대인 옹진지구에서는 1949년 5월부터 11월까지 3차례에 걸쳐 양측간 전력과 부대 운용실태를 적나라하게 드러낼 정도로 전세를 악화시켰다.

이렇듯 우여곡절을 겪는 가운데 일본군의 항복과 무장해제를 위해 잠정적으로 설정되었던 점령지역 분할선은 동서 냉전의 조류에 휩쓸려 그 성격이 변질되어 정치적 분계선으로 고착되고 말았다.[23]

이렇게 생겨난 경계구분으로 자연지형상 12개의 큰 강과 75개

---

21) 宋孝淳, 北傀挑發三十年, 北韓研究所, 1978, p. 56.
22) 한국전쟁사 1 개정판, 1977, p. 148.
23) 李用熙 三八線劃定新攷, -蘇聯對日參戰史에 沿하여, 아세아학보 1, 아세아학술연구회, 1965. 및 朴俊圭, 分斷과 統一, 三和出版社, 1973. 參照.

이상의 샛강이 잘려 나갔고 수많은 산등성들이 여러 방면에서 갈라졌고 180여 개의 우마차 소로小路, 140개의 지방도로, 15개처의 전천후 도로, 8개의 기간 고속도로, 6개의 남북간 철로가 절단되었다.24)

2. 휴전협정과 휴전선

6·25전쟁과 휴전休戰 : Armistice 및 정전停戰의 개념

휴전休戰 또는 정전停戰이라 함은 교전 당사국 간 적대 행위의 정지를 말하는 것으로 일종의 Cease Fire를 의미한다. 따라서 이같은 정지 행위는 교전자 쌍방의 합의에 의해 성립되기는 하나 전쟁의 종료를 의미하는 것은 아니다.25)

그러기 때문에 휴전 기간도 국제법상 전시 기간으로 보고 있다. 그러니 휴전 기간이 아무리 장기화되더라도 그 기간은 평화가 아닌 전시 기간으로 보며 전시법의 적용을 받게 된다.

일례로 1940년 6월 22일 꽁삐에뉴Compiegne의 휴전이 성립된 후 신문기자였던 Suarez를 재판함에 있어 "휴전이란 적대 행위의 일

---

24) Shannon McCune, Physical Basis for Korean Boundaries, Far Eastern Quarterly, No. 5(May 1946), pp. 286~287. 이갑섭, 한국전쟁사 제2권, -한반도 분단의 대외적 근원-, 행림출판사, 1990, pp. 52~98.
25) U.S. Department of the Army, The law of land warfaer, Washington, D.C, U.S. Government Printing Office, 1956, p. 479.

시적 정지일뿐 전쟁 상태를 종결시키는 것이 아니다."라고 판시 후 피고를 사형에 처한 바 있다.

일설에는 일반적 휴전general armistice 시 전쟁의 사실상 종료de facto termination of war를 결과하는 것으로 보고 있기도 하나26) 휴전 중에도 별단의 합의가 없는 한 해상 포획이 행해지는데, 이는 전투 재개 시 공중이나 해상을 통해 전력상 상대편에 유리한 지위를 부여하기 때문이다.

휴전은 대체로 정전 Suspensions of arms, 전반적 휴전 general armistice, 부분적 휴전 partial armistice으로 구분되는데, 정전은 교전국 군대 간 합의에 의해 단기간의 부분적·일시적인 전투 행위의 중지를 뜻하며, 전반적 휴전이 전투 지역 전체에 걸쳐 전투 행위의 정지를 의미한다. 따라서 이러한 휴전은 전쟁의 사실상의 종료와 같은 정치적 효과를 가져오며 최근의 관행은 휴전을 비준 없이 발효케 하는 경향마저 띠고 있다.27)

부분적 휴전은 정전과는 달리 전쟁 전반에 영향을 미치는 정치적 효과상과 효과를 나타내며 생긴 교전국의 총사령관에 의하니 합의 될 수 있는데, 특별한 규정이 없는 한 비준을 요하지 않는다.28)

위와 같은 휴전의 구분에 협정 기간이 정해진 때에는 기간의 만료와 동시에 해제 조건이 있을 경우, 조건 발생과 동시에 휴전은 종료된다. 그런데 한국휴전협정에는 관련 약정이 없으며 적대 행위의 재개에 관해서도 하등의 규정을 두지 않고 있다.

---

26) Julius Stone, Legal Controls of International Coonflict, New York; Rinehart, 1954. pp. 645~646.
27) H.S. Levie, The Nature and Scope of the Armistice Agreement, A.J.I.L., Vol 50, 1956, p. 883.
28) Great Britian, the Law of War on Land, London: H.M.S.O.; 1958. 425.

단지 "쌍방의 정치적 수준에서의 평화적 해결을 위한 적당한 협정에 의하여 대치될 때까지 계속 효력을 갖는다."라고 규정하고 있을 뿐이다. 휴전협정의 위반 사항에 있어서도 전선사령관 또는 본국 정부의 명에 의해 따르게 되어 있으며, 군인, 민간인 등 개인의 발의에 의해 위반이 야기되는 경우에는 협정 자체는 무효화되지 않고 위반자의 처벌 및 손해배상에 따른 청구권만이 발생하는 것으로 되어 있을 뿐이다.

즉, 협정에 위반한 자로서 각자의 지휘하에 있는 인원을 적당히 처벌하도록 보장하고 사상전, 스파이전, 심리전 등은 현실적 적대 행위가 아니므로 교전국은 휴전 중에도 이러한 전술을 광범위하게 이용하는 것을 상례화하고 있다.

문제는 게릴라전인데 본 협정 제2조 12항에 적대 쌍방 사령관은 "육해공군 일체 부대와 인원을 포함해 그들의 통제하에 있는 일체의 무장역량이 한국에서의 적대 행위를 완전히 정지하도록 명령하고 또한 이것을 보장한다."라고 규정하고 있고 "유격대에 의한 적대 행위는 그것이 조직적·현실적으로 전개되는 한 본 협정 위반으로 간주된다."라고 하고 있을 정도이다.

중공군의 참전과 국제사회에서의 휴전 논의

6·25전란이 발발한 이래 전쟁의 양상을 휴전으로 몰고 가려는 분위기가 국제사회에서 일어났는데, 특히 인도와 영국의 입김이 강하였다. 이에 미국은 12월 1일 워싱턴에서 열린 회의에서 애치슨 국무장관이 휴전의 가능성을 제일 먼저 제기하였다.

미국은 한국전에 개입한 이후 전쟁을 계속해 오면서도 휴전협상

⇧ 휴전회담이 열렸던 개성의 한 건물

⇧ 1951년 7월 10일 첫 휴전회담이 열렸던 개성 내봉장 전경(미육군부 자료)

가능성에 관해 지속적으로 관심을 쏟고 있었다. 이 전쟁을 세계대전으로 확대되는 것을 방지하는 데 초점을 두면서 부단한 노력을 해왔다.

1950년 12월 트루만과 애틀리는 회담에서 협상에 의해 타결을 본다는 원칙에 동의한 바 있었고, 여기에다 국제연합측도 휴전협상을 촉구하고 나섰다. 그러나 이러한 기류는 중공측이 내건 전제 조건인 유엔군의 철수, 대만을 중공에 넘길 것, 중공을 유엔에 가입시킬 것이라는 도저히 받아들이기 어려운 내용들이어서 회담 개최가 어려웠다.

그러다가 1951년 중공군의 5월 공세가 좌절되자 소련과 중공 간에 의견 조정이 이루어진 후 6월 23일 소련 부수상 겸 유엔 대표인 Jacob Malik의 제안이 나왔고 1951년 7월 10일 11시 개성에서 회담이 비로소 개최되었다.

당초 유엔측이 제안한 회담 장소는 원산항에 정박해 있던 덴마크 병원선이었다. 개성이 회담장으로 정해짐에 유엔군측은 여러모로 불편하였으나 회담을 성사시키려는 일관된 정책하에 15km나 되는 적진 속으로 들어가야 했고, 반면에 저들은 마치 승자가 된 양, 위세를 부리며 회담장 주변을 무장군인들로 에워싸 살벌한 분위기를 조성케하였다.

여기에다 개성이 회담장이 됨으로써 작전지역에서 제외되는 성역으로 남아 있게 되었는가 하면, 유엔대표단을 수행하는 차량에 백기를 달게 함으로써 마치 유엔군이 항복하러 가는 인상을 주게 되는 심리전, 선전전에 따른 이점을 구가하려 하였다.

그 같은 상황은 회담장 좌석 배치에서도 이어졌는데, 공산군측은 남향의 높은 의자에, 유엔군측은 반대편 낮은 의자에 앉도록 준비

⇧ 왼쪽 세 번째부터 오른쪽으로 백선엽 장군, 터너 조이 제독, 매슈 리지웨이 유엔군 총사령관의 모습이다.

하고 있었다. 유엔군측이 회담장 테이블 위에 작은 유엔기를 올려 놓자 공산군측은 이보다 10cm나 높은 북한기를 올려 놓았다. 다음 날은 깃대 높이를 경쟁이나 하려는 듯이 깃대가 천정에 닿을 정도로 신경전을 벌였다.[29]

휴전 교섭을 위한 첫 모임은 유엔군측 대표로 해군제독인 Terner Joy 수석대표, 한국측의 백선엽 장군, 기타 유엔측의 Hodes, Cragie, Burke 장군을 포함해 5명이, 공산측에서는 남일南日을 수석대표 開戰前 북한의 문부상을 지냄로 북한군 대표 이상조 李尙朝, 장평산張平山, 중공군 대표 덩화鄧華 부사령관, 셰팡解方 참모장 겸 정치위원 등 5명이었다.[30]

회담은 군사적 문제만을 토의하기로 하고 유엔군측은 다음과 같은 9개 사항을 제시하였다. 먼저 회의 의제 채택, 국제적십자사 대표들의 포로수용소 방문 권한에 관한 사항 순으로 하고 토의는 순

---

29) 日本陸戰史研究普及會編, 陸軍本部 譯, 韓國戰爭 9, 1986, pp. 66~68.
30) Joseph C. Goulden, Korea: The Untold Story of the War, New York: Times Books, 1982, p. 555.

수 군사사항으로 제한하였다.

　무력 충돌 재개 방지, 비무장지대 설치, 군사정전위원회 설치, 군사감시반의 구성 및 기능, 포로 송환에 관한 조정사항 등을 내 놓았다. 그러나 공산군측은 유엔군이 38선상으로 철수하고 이 선을 따라 폭 20km의 비무장지대를 설치, 외국군을 철수시킨 후에 포로송환 문제를 논의하자고 맞섰다.

　회담은 의제 합의에만 14일이나 걸렸다. 회담에서 가장 역점을 둔 것은 군사분계선 문제였다. 이 문제는 현전선과 38선이라는 두 안을 놓고 줄다리기로 이어졌다. 이러한 기간을 이용하여 공산군측은 병력 증강에 몰두하였다.[31]

　유엔군측이 회담 개시 이후 공격을 자제하는 동안 공산군측은 주진지主陣地를 종심從心 25~40km에 걸쳐 요새화 지역으로 구축하였다. 전선이 교착된 이후 쌍방은 주진지와 전초진지를 중심으로 당해 지역 일대에서 방어 활동과 능선 확보상 유리한 고지 점령 쟁탈전을 전개하였다. 따라서 고지 방어, 탈환, 사수라는 명령만이 난무하였다. 당시 백마고지, 철의 삼각지, 수도고지, 불모고지, 저격능선, 후크고지 등은 최대 쟁탈지였다.[32]

　1951년 10월 하순이 되자 공산군측은 유엔군의 공세에 못이겨 결렬되었던 회담의 재개와 장소 이전에 동의했다. 회담장은 개성에서 판문점으로 바뀌게 되었고, 10월 25일 천막을 치고 그 안에서 회담을 열었다.

　회담 초부터 쌍방 간 초미의 관심사였던 군사분계선에 관해

---

31) Walter G. Hermes, The Truce Tent and Fighting Front, Washington: Government printing Office, 1966, pp. 35~40.
32) 전쟁기념사업회, 한국전쟁사 제1권, 행림출판사, 1990, pp. 418~419.

1951년 11월 17일 유엔군측은 미국의 의도대로 군사분계선에 관한 새로운 타협안을 제의하였고, 공산군측도 동의하여 10일 후인 11월 27일의 회담에서 이에 관한 협정 초안이 작성되었다.

요지는 본 의제에 합의한 후 30일 이내에 휴전협정이 조인된다는 조건하에서 현재의 양측 접촉선이 군사분계선이 되며, 만일 이 기간 중에 조인이 이루어지지 못한다면 군사분계선은 휴전협정이 조인될 당시의 접촉선으로 한다는 것이었다.

그런데 시한부인 30일이 지난 12월 27일까지도 협정은 이루어지지 않아 조기 협정체결은 무망하게 되었다. 30일이라는 임시 휴전기간을 이용하여 공산군측은 22km에 달하는 종심 깊은 방어진지를 구축함으로써, 정식 휴전이 이루어진 이후에도 이때 구축한 진지로 인해 작전상 유리한 위치를 확보하게 되었다.

이 당시 쌍방이 잠정적으로나마 합의를 본 군사분계선은 임진강 하구 ~ 판문점 ~ 옹고리 ~ 산명리 ~ 금곡 ~ 금성 동북방 고지 ~ 송정 ~ 기바우골 ~ 노루목 ~ 사비리 ~ 신대리 ~ 산덕리 ~ 고성의 남강 남쪽에 이르는 155마일 전선이었다. 이 전선은 휴전 성립 1개월 전에 감행된 공산군 최종 공세에 의해 북한강 상류 금성 지역을 피탈당한 이외에는 휴전이 성립될 때까지 그대로 유지되었다.[33]

1952년 들어서서 쌍방 간 대부분의 의제에 대해 의견이 좁혀졌으나 포로 송환 문제에 한해서는 좀처럼 해결의 실마리를 찾지 못하였다. 이 문제로 인해 15개월이라는 세월을 논쟁으로 흘려보냈다. 1952년 10월과 11월 쌍방 간 치열한 격전을 치루고 난 이후 전선은 소강상태에 빠졌다.

---

33) 앞의 책, pp. 426~429.

⇧ 한국 포로수용소에 수용된 북측 포로들(왼쪽부터 북한군, 중국군, 반공포로 순이다.)

이해 말인 11월 5일 미국은 대통령 선거에서 한국전쟁을 종결짓겠다는 공약하에 아이젠하워가 당선되었고, 12월 2일 아이크의 한국 방문이 있었다. 이당시 한국전의 성격은 군사적인 면보다는 국제사회에서 정치적·선전적 의의가 더 큰 전장터로 변질되고 있었다.

무엇보다 포로 송환이 자유 송환이냐, 강제 송환이냐 하는 문제로 자유진영과 공산진영 간의 대결이 격화되면서 온 세계의 이목을 집중케 하였다. 1953년 초에 들어서도 전선은 교착상태에 빠져들고 있다가 3월 5일 스탈린이 사망함에 따라 3월 28일 유엔군측이 제의한 바 있는 병상 포로 교환이 합의되었다. 이후 회담은 급진전

되어 1953년 7월 27일 10시 양측 대표가 정전협정문에 서명하였다.[34]

3년 여의 전란을 겪어 오다가 피아彼我 간에 휴전에 합의하기까지는 복잡다단한 과정을 겪어야만 하였다. 이후 휴전선이 언필칭 군사분계선이 된 것이다. 1951년 9월 27일 유엔군측은 회담 장소를 다른 곳으로 옮길 것을 제안하는 한편, 회담을 유리하게 이끌어 나가기 위해 전 전선에 걸쳐 군사적 압력을 가하기 시작하였다.

이에 전세가 불리하게 되자 공산군측은 1951년 10월 29일 판문점에서 회담을 재개하자고 제안하고, 그 해 10월 23일에는 군사분계선을 쌍방 군대의 현 접촉선으로 하자는 유엔군측의 제안을 받아들이면서, 군사분계선의 설정에 관한 조항을 쌍방이 합의할 경우 즉시 휴전을 실시하자고 요구하였다. 유엔군측이 이 제의를 수락하면서 1951년 11월 27일 군사분계선의 설정 협정이 조인되었다.

내용인 즉 "전 협정이 조인될 때까지 전투는 계속하되, 당시의 접촉선을 군사분계선으로 하고 이를 중심으로 남북간에 각각 2km씩 4km의 비무장지대를 설치하되, 상기 군사분계선 및 비무장지대는 30일 이내에 휴전협정이 조인될 경우에 한하여 유효하다. 만일 30일 이내에 휴전협정이 조인되지 않을 경우에는 군사분계선은 휴전협정이 조인될 당시의 접촉선으로 한다."라는 등의 조항이었으나 그 해 말경인 12월 27일까지의 임시 휴전 기간 중 휴전협정 조인은 고사하고 아무런 협정도 성립시키지 못함에 결국 전쟁은 지속될 수밖에 없었다.

의제 제2항에 합의한 그 다음날인 1951년 11월 28일부터 의제

---

34) David Rees, Korea: The Limited War, New York: St. Martin's Press, 1964. p. 406.

⇧ 휴전협상 남측 대표단

⇧ 휴전협상 북측 대표단

국토분단에 따른 분계선 설정 배경 _ 39

제3항인 휴전 감시 방법과 이에 따른 기구 설치 문제에 관한 협상에 들어갔으나 협상이 지연됨에 따라 의제 제4항인 포로 교환 문제와 의제 제5항인 쌍방 당사국 정부에 대한 건의 문제를 병행하여 토의하기로 하였다. 위의 의제 제3항인 휴전 감시 방법과 이에 따른 기구 설치 문제에 관한 협상에서는 휴전 후 군사력 증강의 규제와 중립국감시위원회의 구성에 관한 것으로 한반도 외부로부터 병력 및 전투 장비의 반출입을 규제하는 문제 등이었다.

쌍방은 1952년 2월 23일 휴전 후에도 계속 한반도 내에 주둔하게 될 외국군의 병력 교체를 고려하여 매달 3만5천 명의 병력이 한반도를 출입국할 수 있도록 인정하는 선에서 합의하였다. 그리고 1952년 3월 20일에는 병력 및 전투 장비, 출입국 규제에 관한 협정 내용의 준수 여부를 감시하기 위하여 쌍방은 각 5개의 감시 대상 항구를 지정하였다.

즉, 북한측은 신의주·신안주·만포진·함흥·청진으로, 남쪽은 부산·인천·강릉·군산·대구로 정한 것이다. 포로 교환 문제 역시 쉽사리 타결짓지 못하다가 소련의 스탈린 사망 이후 서둘러 회담을 속개하였다. 1953년 7월 22일에는 군사분계선을 확정하고, 7월 23일에는 비송환 포로들이 비무장지대에서 중립국감시위원단에 인계되었고, 7월 27일에 판문점에서 휴전협정을 조인하였다.

1953년 7월 27일 오전 10시 제159차 본 회의에서 유엔군 수석대표 해리슨$^{Harrison\ W.K}$ 중장과 공산군측 대표 남일이 3통의 휴전협정서와 부속 협정서에 각각 서명한 뒤 클라크$^{Clark\ M.W}$ 유엔군 사령관, 북한군 총사령관 김일성, 중공의용군 팽덕회^{펑더화이}가 각각 그의 후방사령부에서 휴전협정서에 서명하였다. 이날 22시에 포성이 멈추니 정확히 1950년 6월 25일 05시 북한군의 공격이 개시된지

⇧ 판문점의 초기 모습으로 이곳에서 한반도의 운명이 결정되었다. 종군기자 존리치의 작품이다.

⇧ 1953년 7월 27일 유엔군 총사령관 클라크 장군이 휴전협정문에 서명하고 있다.

3년 1개월 2일 17시간만에 남북한 간의 전쟁인 동시에 국제전이었던 전쟁은 그 어느 쪽도 완전 승리를 하지 못한 제한전쟁에서 휴전을 맞아 오늘에 이르게 되었다.[35]

그러나 대한민국 대표는 최후까지 휴전에 반대한다는 의미에서 본 휴전협정서에 서명하지 않았다. 이리하여 1951년 7월 10일에 개시된 휴전회담은 만 2년 17일에 걸쳐 타결됨으로써 1950년 6월 25일 새벽 4시에 불법 남침 이후 3년 1개월 2일만에 38선은 또 다시 군사분계선으로 대체되고 말았다.[36]

군사분계선으로 대체된 38선

휴전선은 휴전협정Armistice Agreement 또는 정전Armistice이라는 명칭에서 비롯된 것으로, 1950년 6월 25일 새벽을 기해 기존의 분계선인 38선 전역에 걸쳐 북한측의 기습공격으로 발발된 전쟁이 1953년 7월 27일 22시에 정전이 됨으로써 이전의 38선이 군사분계선으로 대체되고 말았다.

휴전선인 군사분계선과 동시에 생겨난 것이 바로 비무장지대이다. 이 지대는 일명 DMZdemilitarized zone로 약칭되며, 무력 충돌을 방지하거나 국제적 교통로를 확보하기 위하여 설치된 지대로 이 지역에서는 군대 주둔, 무기 배치, 군사시설 설치가 금지된다.

휴전협정에 의해 설치된 이 지역은 남북이 각각 2km씩의 폭을 갖게 함으로써 양측은 4km의 무력 충돌을 피하게 할 완충지대緩衝

---

35) 전쟁기념사업회, 한국전쟁사 제1권, 행림출판사, 1990, p. 438.
36) 金錫營, 板門店 20년, 進明文化社, 1973. 陸軍士官學校, 韓國戰爭史, 日新社, 1983. 國防部戰史編纂委員會, 韓國戰爭要約, 1986. 朴鎭龜, 休戰協定締結過程, 軍史, 1983 6월, 參照.

地帶를 두어 소기의 목적을 달성코자 하였다.

이렇게 해서 형성된 군사분계선은 1953년 7월 27일 밤 10시까지 쌍방이 군사적으로 점령하고 있던 지상에서 기존의 38선 이북에 있던 장단, 철원, 화천, 간성은 남한측에 반대로 38선 이남에 있던

⇧ 군사분계선 푯말

개성, 평강은 북한측에 귀속되었다. 그 결과 동부전선은 남한측의, 서부전선은 북한측의 영역이 넓어졌다.

이러한 영역 구분은 휴전협정 제1조에 근거해 군사분계선을 기점으로 남북 2km 지점의 남방 한계선과 북방 한계선에 표지를 세워 양측 간의 사이는 4km로 정해졌음에도 서로 간에 유리한 지점에 병력을 전진 배치해 대체로 그 거리가 1.2km에 불과하고 심지어 750m 거리에 OP를 마주 대하고 있는 곳도 있다.

이 지역에 대해 군사정전위원회의 감독을 받게 하였으며, 한강의 하구수역河口水域과 같이 한쪽이 일방의 통제 밑에 있고 다른 한 쪽이 타방의 통제 밑에 있는 지점에서 쌍방 민간 선박의 운항이 특정 규칙에 따르도록 하였다.

이 규정에 따라 유엔군사령부는 한강 하구에 해당되는 지점에 일정한 표지를 세워 두었고, 비무장지대는 충돌을 막기 위한 완충지대로서의 기능을 하기 때문에 비무장지대 안에서나 비무장지대를 향하여 그 어떤 적대행위도 못하게 하였다.

민사행정民事行政이나 구제사업救濟事業을 위하여 군인이나 민간인이 비무장지대에 들어가려면 군사정전위원회의 허가를 받아야 하는데, 이 경우 한꺼번에 들어갈 수 있는 총인원은 1천 명을 넘지 못하며 무기를 휴대할 수 없게 하였고 또한 군사정전위원회의 특정한 허가 없이는 어떠한 군인이나 민간인도 군사분계선을 넘지 못하도록 하였다.

비무장지대는 출입이 제한적이고 금지되는 지역이지만 군사정전위원회와 중립국감시위원단이 있는 판문점 구역은 쌍방이 공동으로 경비하는 비무장지대 안의 특수지역이었다. 판문점공동구역을 통과하는 군사분계선은 이 지역을 중심으로 반경 400m의 원형지역을 형성케 하였는데 바로 이 지역 안에서 1976년 8월 18일 북한군에 의한 도끼만행사건이 일어났다. 그 이전까지 쌍방 경비원들은 군사분계선을 넘어갈 수 없게 되어 있었다.

비무장지대 안에는 한국 주민이 살고 있는 대성동 자유의 마을과 분단과 냉전의 지층과 같아 미군들로부터 펀치 볼Punch Bowl이라 불려졌던 양구군 내 분지마을은 1954년까지 미군정이 실시되다가 1956년 정부에서는 150가구의 개척민을 이주시켜 놓았다.

자유의 마을은 1953년 8월 이후 사민私民의 비무장지대 출입에 관한 협의를 근거로 설치한 마을이 비무장지대 안이라는 특수성에 따라 주민에게 납세와 병역의 의무를 면제하고 있는데, 1988년 현재 43세대 217명의 주민이 살고 있다. 이에 비해 북한측의 소위 평화마을이란 곳은 주민 없는 선전촌이 있을 뿐이다.

비무장지대는 충돌을 막기 위한 설정지로 휴전협정 준수 여부에 따라 존립 의의를 부여할 수 있는데, 북한측의 위법사례가 1987년 7월까지 34년간에 걸쳐 무려 14만8044건이나 되는데도 북한측이 시인한 것은 1953년 단 2건뿐이며, 유엔측 위반이 1986년 말까지 45만7896건이라는 억지 주장을 펼쳤다.

여하튼 내륙의 휴전선은 서해 교동도에서 개성 남쪽인 판문점을 지나 중부의 철원, 김화를 거쳐 고성의 명호리 간 155마일 600리 **248km** 이상의 길이로 이어져 있다. 그런데 비무장지대 내에서는 전흔戰痕은 아랑곳하지 않고 자연생태계의 보고寶庫로 자리매김하고 있다.[37]

---

37) 한민족문화백과대사전 17권, 민족백과 휴전선 표기 지도 참조.

chapter 03

휴전에 따른 NLL의 설정 배경과 서해 5도의 중요성

1. NLL의 설정 배경

휴전으로 인해 남북한 간의 내륙 경계지대는 군사분계선으로 대치되었으나 해상수역 경계선에 관해서는 휴전협정 조문상에 명확히 규정을 못하였다. 그 연유는 북한측의 반대 때문이었다.

휴전협정에 관한 논의가 진행 중이던 1952년 1월 말경 연해수역에 관한 논의가 양측 간에 있었는데, 당시 유엔군측은 국제적 관례대로 영해 3해리를 제기하였으나, 북한측은 유엔군측의 해상봉쇄海上封鎖를 우려해 12해리를 주장하며 3해리 주장을 받아들이지 않았다.

이에 대해 유엔군측은 정전협정 제15항에 영해 봉쇄를 하지 않는다는 별도의 규정이 있기 때문에 문제가 되지 않는다고 하였으나 북한측은 거듭 반대 입장을 굽히지 않고 관련 조항의 전면 삭제를 요구해 왔다. 이에 유엔군측이 이들의 주장을 수용함에 따라 해상 경계선에 관한 규정을 정전협정 제13항 ㄴ항에 포함시키지 못하였다.

휴전협정 당시로는 한반도 주변해역에 대한 제해권制海權이 전적으로 유엔군측에 있었으므로 북한측은 해상 군사분계선 설정의 필

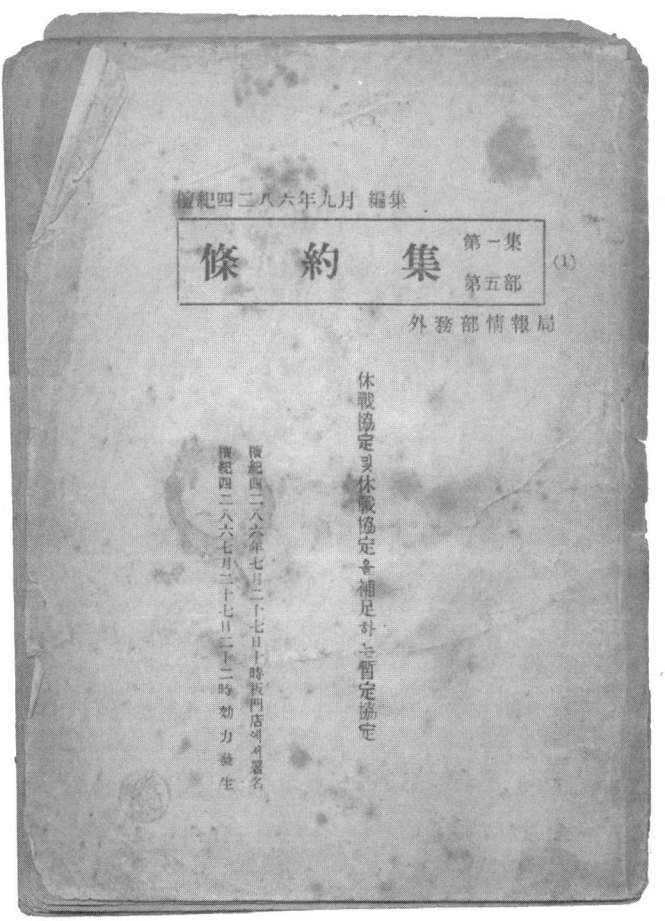

⇧ 1953년 외무부정부국에서 편집 발간한 휴전협정 조약집.

요성이 절실한 상황에 처해 있었다. 이러한 연유로 양측 간에는 지상에서의 분계선과 같은 명확한 합의도출을 끌어내지 못하고 명시적 규정 대신에 인접해역 존중이라는 지극히 추상적인 표현으로 마무리 지었다.

즉, 협정문 제2조 15항에 "본 협정은 적대중敵對中 일체의 해상군사역량에 적용되며 이러한 해상군사역량은 비무장지대와 상대방의 군사통제하에 있는 한국 지역에 인접한 해면을 존중하며 한국에 대하여 어떠한 종류의 봉쇄도 하지 못한다."라고 기술하는데 그치고 말았다. 이에 근거해 유엔군측에서는 해상에서의 병력 철수 등 휴전협정 내용의 이행과 해상 경비 업무를 위한 해상경계선 설정의 필요성이 제기되었다.

1953년 8월 30일 유엔군측은 유엔군사령관 명의로 한반도 해역에서의 어선과 선박의 피납을 방지하고 함정과 항공기의 북상방지 등 해공군의 초계哨戒활동을 한정하기 위해 서해 5도로부터 3해리 5.5km 북단을 북방한계선으로 설정하였다.

즉, 예성강 하구로부터 북한 강령군 봉화리북위 37도 50분 동경 126도 16분 15초와 남한의 교동도와의 중간, 북한의 함박도와 우도 중간을 거쳐 연평도 북쪽 미력리도 중간 사이를 지나 대청군도로 연결되면서 북한쪽 섬인 비엽도·하린도·마합도와 대청군도 사이로 선을 그었다.38)

그리고 남북 간 우발적 월경越境에 따른 무력충돌 발생 가능성을 방지하기 위하여 북방한계선 남쪽 지역 폭 1~5km 구간에 완충지대를 설정하였다. 이로써 서해 5도와 북한 지역 간 최단 거리는

---

38) 박종성, 한국의 영해, 범문사, 1985, p. 385. 및 方仁傑, 북한의 법적 지위에 관한 연구, 한국해양대학교 대학원 법학석사학위논문, 2006, p. 26.

6~12해리에 불과하게 되었다. NLL이 해양법상 엄격한 의미에서의 남북 양측 간의 등거리 중간선은 아니지만 대체로 중간선과 일치하는 선이 되었다.

따라서 남북한 간의 해상경계선은 서해에서는 백령도 서쪽 42.5마일에, 동해는 저진항 동쪽 218마일에 북방한계선이 존속하게 되었다. 여기서 주목되는 것은 대청군도와 연평군도로 이루어진 서해 5도 최동단에 위치한 무인도인 우도와 서북단 전초지인 백령도 사이 100km에 걸쳐 북한의 해주만, 옹진만, 대동만 지역이 양측의 대치국면에 놓이게 되었다는 점이다.

이 일대는 적의 침투 방지를 위한 군사작전 및 전략요충지가 됨과 동시에 중국 요동지역과 인천항을 연결하는 해상교통상의 중심지면서, 이 일대가 꽃게잡이의 중심지가 되어 어획면에서는 황금어장으로 꼽히고 있다.

다시 말해 이러한 해상분계선은 휴전협정 당시 국제법적 관례에 준해 영해 3해리를 고려해 서해 5개도서와 북한지역의 개략적인 중간선을 기준으로 하였고 동해상에는 내륙의 군사분계선 연장선을 기준으로 하여 북방한계선을 설정한 것이다.

이러한 NLL 설정에 대해 우리 해군은 [해본 기밀 1235호[1953. 08. 30] 휴전기간 중 한국함정에 대한 작전지시]에 근거해 북방한계선을 표시하고 함정을 배치하여 작전에 임하게 하였다. 이에 대해 북한측은 지난 20여년 간 묵시적으로 이 한계선을 준수해 옴으로써 사실상 이 한계선은 남북한 간의 해상분계선이 되어 왔다.

이 같은 해상분계선의 설정이 본 협정 2조 13항 ㄴ항목과 같은 복잡한 규정을 두게 된 것이 결코 협상 당사자들의 무지나 과실에 연유된 것이 아니라 쌍방 간의 복잡한 정치적 욕구를 충족시키기 위한 과정에서 선택의 여지가 없는 의도된 흠결이었음에도 불구하고, 북한측은 이 흠결을 빌미로 NLL선을 무력화 시키려 하고 있는 것이다.

해상분계선의 합의는 본 협정 2조 13항 ㄴ항목 테두리 안에서 정의되어 있고 이 조항이 한국전쟁의 무력행위를 종식시키기 위한 교전 당사 간의 협정이라는 기본적 전제하에 해석 내지 그 내용의 이행을 정착시켜 나가야 함에도 불구하고 오늘날 북한측은 이 점을 악용하고 있다.

일반적으로 무력행위로 대결하는 전쟁 당사자가 적대행위를 정지 내지 종식시키는 경우, 쌍방의 군사역량이 대치하는 군사력의 접촉선front line or the line of contact이 형성되는데, 정전협정에 있어서 이러한 군사력의 접촉선에 관한 합의를 군사분계선 또는 중립지대 설정의 합의라 한다.

이때에도 육상분계선의 합의가 요구되지만 휴전협정에 필수불가결한 요인은 아니며 무엇보다 해상분계선상에 대한 합의가 명시되는 경우는 매우 드물다. 요컨대 군사력의 접촉선 합의는 적대행위를 정지 또는 종식시킨다는 의사의 본질적인 내용을 구성하고 있기 때문이다. 본 협정 2조 13항 ㄴ항목의 본문에서 Status quo ante bellum의 기준으로 북한이 서해 연안도서에서 철수해야 하는 의무를 규정하고 있고 단서로 일종의 uti possidetis 원칙을 적용, 철수의무를 해제함으로써 명료성이 결여하게 되었다.[39]

북한이 철수 의무를 면제받은 다른 도서들과 유엔군사령관이 통제권을 유지하는 서해 5도를 구획하기 위한 구체적인 획정선劃定線

---

39) 21세기군사연구소, 페리보고서 이후와 북방한계선의 문제, 군사세계, 동연구소, 1999, 10, pp. 24~52.

은 휴전협정 규정에 명시되어야만 했으나 이에 따른 명시적 규정이 빠졌다.

유엔군 사령부가 당초부터 명백히 하고 있는 것처럼 북한측이 주장하는 황해도와 경기도의 도계선道界線 연장선과 같은 관념적인 선은 양방의 관할도서를 구획하는 경계선으로 성립될 수 없었고, 이러한 획선은 휴전협정 시행상 필요조건으로 NLL이라고 하는 유엔군사령관의 일방적 조치로 표현된 것이다.[40]

특히 휴전 당시 압록강 하구로부터 서해지역에 이르기까지 북한측에는 해상 군사역량이란 존재하지 않았고, 결국 유엔군사령관의 일방적인 조치가 쌍방 간의 합의된 조치와 같은 효과를 갖게 된 것이다. 중요한 점은 이러한 구획선이 휴전협정 합의의 본질적인 내용을 구성하는 것이므로 이 NLL은 쌍방 간의 군사역량의 접촉선으로서 즉각 성립되었다는 점이다.[41]

즉, 휴전 성립 이후 유엔군이나 북한측 어느 일방도 북방한계선을 월선하여 상대방 구역을 침해하면 휴전협정 제11조 6항 및 제2조 15항을 위반하게 되는 것으로, 군함으로 북방한계선을 침범하는 것은 탱크나 비행기를 몰고 휴전선을 넘는 것과 같은 도발행위가 되는 것이다.

---

40) 외무부 외교안보연구원, 서해 5도의 법적지위, 주요국제문제분석, 서울 외교안보연구원 1988. 7. 15, p. 3. 국방부 군사정전위원회의 http : //www.mmd.go.kr 정책기획관실/대북안보현안/북방한계선문제.
41) 유병화, 국제법 11, 서울 진성사, 1989, p. 278.

2. 서해 5도 주변 수역이 북한측 관할이라는 억지 주장

오늘날 서해 5도 지역은 남북한이 대치하고 있는 한반도 내에서 가장 예민하고 긴장된 대치국면에 처해 있는데, 긴장의 요인을 더하게 된 것은 지난 1973년 10월과 11월 북한측 경비정들이 전에 없이 이전까지 묵종해 오던 NLL선을 넘어 다수의 함선이 남한측 수역을 침범해 오면서 이른바 서해사태를 유발하였던 것이다.

그리고 북한은 이해 12월 1일 군사정전회의에서 휴전협정 관계 조항을 들먹이며 서해 5도 주변 해역은 북한의 관할 수역이며, 이들 도서 자체가 휴전협정에 명기된 대로 유엔군 통제하에 있음을 인정하나 그 주변 해역의 통항은 북한의 사전 승인을 받아서 항해해야 한다는 억지 주장을 제기하였다.[42]

이 같은 주장의 논거로 "휴전협정 제2조 제13항 ㄴ항에 연안도서沿岸島嶼라는 용어가 휴전협정 발효 시 어느 일방이 점령하고 있는 도서라 할지라도 1950년 6월 24일에 상대방이 통제하고 있던 도서를 말하며 단서로 황해도와 경기도의 도계선道界線 북쪽과 서쪽에 있는 도서 가운데 백령도·대청도·소청도·연평도·우도 등의 도서는 유엔군 총사령관의 군사통제하에 남겨두는 것을 제외한 다른 모든 도서들은 조선인민군 최고사령관과 중국인민지원군원의 통제하에 둔다. 한국 서해안에 있어서 상기 경계선 이남에 있는 모든 도서들은 유엔군총사령관 군사통제하에 남겨둔다."라고 규정하고 있다.[43] 라고 주장하면서 정전협정 어느 조항에도 서해 해면에

---

42) 북한문제연구소, 북한, 군사정전위원회 제346차 회의록(1973년 12월 1일) 제25호 1974년 1월호, p. 59.

서 계선**界線**이나 정전해역**停戰海域**이라는 것이 규정되어 있지 않으므로 황해도와 경기도의 도계선 북쪽과 서쪽의 서해 5개 도서를 포괄하는 수역은 북한측 통제하에 있는 수역이라는 것이다.

　이러한 해석은 북한측의 일방적·임의적 해석이다. 왜냐하면 당해 본문에 "휴전협정 발효 10일 이내에 쌍방의 모든 군사력은 상대방의 연안도서와 해면으로부터 철수해야 한다."라고 하였기 때문이다. 여기에서 연안도서와 해면은 한국전쟁 발발 이전에 상대방이 통제하고 있던 당시 영역을 말하는 것으로, 북위 38선 이남의 서해 황해도 연변에 있는 서해 5도는 물론이고 마합도·창린도·기린도·비엽도·순위도 등 모든 도서에서 북한측은 철수해야만 했다.

　휴전 당시 문제의 서해 5도를 제외한 이들 도서들은 북한측이 장악하고 있었으므로 교전 당시의 상황을 존중하여 서해 5도 이외의 도서에서의 철수 의무를 해제해 준 것이다.

　무엇보다 조약문 해석에 있어서 본문 이외의 단서가 특별히 제한하는 부분만 제한적으로 해석된다는 기본적 논리에 따른다면, 북한측은 마땅히 전쟁 발발 이전에 대한민국이 장악하고 있던 황해도 연변의 모든 연안도서와 해면으로부터 철수하되 5개 도서를 제외한 마합도·창린도·기린도·비엽도·순위도 등만을 계속 통제할 수 있을 뿐이었다.

　그럼에도 불구하고 북한측의 억지 주장이 나오게 된 연유는 육상에서와 마찬가지로 명료하게 군사분계선을 설정해 놓지 못하였기 때문이다. 이러한 조문상의 흠결을 트집 잡아 북한측이 억지 주장을 제기함은 휴전협정 정신에 배치될 뿐만 아니라 불법·부당한 주

---

43) 휴전협정 제2조 제13항 ㄴ항.

장이다.

조문상 흠결로 보이는 사안도 당시 동·서해 해상군사분계선 획정에는 개전 초기부터 휴전이 성립될 당시까지 일관되게 한반도 전 주변 해역을 유엔군이 장악하였고 이를 봉쇄하고 있어 교전 당사자 쌍방의 군사 역량상 대치를 전제로 한 해상군사분계선은 육상전에 연결해 생각할 수 없었다.

휴전협정 제2조 15항에서 본 휴전협정은 적대중敵對中 일체의 해상 군사역량에 적용되며 이러한 군사역량은 "비무장지대와 상대방의 군사통제하에 있는 육지에 인접한 해역을 존중하며 어떠한 종류의 해상 봉쇄도 하지 못한다."라고 규정함으로써 북한의 나진항으로부터 압록강 하구까지의 한반도 전 연안을 봉쇄 장악하고 있던 유엔군의 해상 군사역량은 동·서해에서 육상 분계선에까지 철수, 남하해야만 하였다.

즉, 상기 제2조 15항의 취지에 따라 유엔군 총사령관은 동·서해 각 연안에서 북한 지역에 확장된 휘하의 해군 세력을 남쪽으로 제한하기 위해 동해와 서해에서 육상의 DMZ 라인에 따라 해상 북방한계선을 설정하였다.

이는 형식상 유엔군 총사령관 휘하의 해군 세력에 대한 자기제한적 지시로 하달된 것이며 실제는 협정조문에서 명시하지 못한 부분을 제2조 15항의 정신에 따라 이를 이행하기 위한 중요한 조치였다.[44)]

---

44) 휴전협정 제2조 15항. This Armistice Agreement shall apply to all opposing naval forces, which naval forces shall respect the waters contiguous to the Demilitarized Zone and to the land area of Korea under the military conttrol of the opposing side, and shall not engage in blockade of any kind of Korea.

따라서 북한측은 유엔군측의 이같은 자기제한적 철수의 결과 군사적 진공상眞空上의 영역을 반사적反射的으로 통제하게 되었을 뿐이었다. 해상에 있어서 각 군사분계선이 이처럼 일방의 철수와 타방의 반사적 통제권을 향유케 된 과정을 거쳐 형성됨으로써 육상의 분계선과 같이 세밀하게 획정된 선이 아니더라도 휴전협정 자체의 정신으로 보면 육상분계선과 똑같이 휴전협정상 교전 당사자 쌍방의 군사역량의 경계선이 되며, 이렇게 성립된 경계를 어느 일방이 침해侵害 월선越線하거나 잠식蠶食하는 등의 적대행위를 자행한다면 이는 분명히 휴전협정 위반인 것이다.

여기서 말하는 연해제도沿海諸島란, 1950년 6월 24일에 상대방이 통제하고 있던 섬들을 말하는 것으로 황해도와 경기도의 도계선 북쪽과 서쪽에 있는 모든 섬 중에서 북위 37도 46분 동경 124도 46분에 위치한 백령도, 북위 37도 38분 동경 124도 42분에 위치한 대청도, 북위 37도 46분 동경 124도 46분에 위치한 소청도, 북위 37도 38분 동경 125도 40분에 위치한 연평도, 북위 37도 36분 동경 125도 58분에 위치한 우도 등은 유엔군총사령관의 군사통제하에 남겨두는 도서군島嶼群들을 제외한 기타 모든 섬들은 북한인민군 최고사령관과 중국인민지원군사령원의 군사통제하에 두며, 한국 서해안에 있어서 상기 경계선 이남에 있는 모든 섬들은 유엔군총사령관의 통제하에 남겨두는 제도를 말하는 것이다.

더욱이 휴전협정 제2조 15항에 "본 협정은 적대중의 일체 해상 군사력에 적용되며 이러한 해상군사력은 비무장지대와 상대방의 군사통제하에 있는 한국 육지에 인접한 해면을 존중하여 한국에 대하여 어떠한 종류의 해상 봉쇄도 하지 못한다."라고 하였고 동조 16항에서는 "공중 군사력은 비무장지대와 상대방의 군사통제하에 있는 한국 지역 및 이 양 지역에 인접한 해면의 상공을 존중한다."라고 규정하고 있다.

그러니 해상에 있어서도 해양법상 영해와 같은 일정한 범위를 정하여 군사경계선을 규정하지 않고 다만 지도상에 〈주〉로 표시차였다. 협정문 〈주1〉의 A는 백령도·대청도·소청도 주위를 표시하였고, 〈주1〉의 B는 연평도 주위를 표시한 것으로 이에 따른 목적은 한국 서부 연안 도서들의 통제를 나타낸 것이다.

이러한 선은 다른 의도가 전혀 없으며 여기에 그 어떤 다른 뜻을 첨부하지도 못한다. 〈주2〉는 각 도서군들을 둘러싼 장방형長方形 구획의 목적은 유엔군총사령관의 군사통제하에 남겨두는 각 도서들을 표시한 것이다. 위의 장방형 구획에는 다른 의의가 없으며 다른 이의를 첨부하지도 못한다.

3. 서해 5도의 중요성

1945년 8월 미국무부, 정보기관, 태평양사령부가 한반도 분할에 관한 각각의 계획과 지도를 그리는 가운데 미국방부 작전국OPD에서는 서해 5도에 주목해 서쪽 끝은 북위 38도 10분 지점인 장산곶에서 시작해 북위 37도 40분인 주문진에 이르는 서남고저西高南低의 사선斜線을 축으로 분할선을 그렸다.

여기에서 장산곶 일원인 옹진반도에 주목한 것은 바로 이 서해 5도를 중요시했기 때문이다. 이 당시 미국의 대한반도 전략은 A.

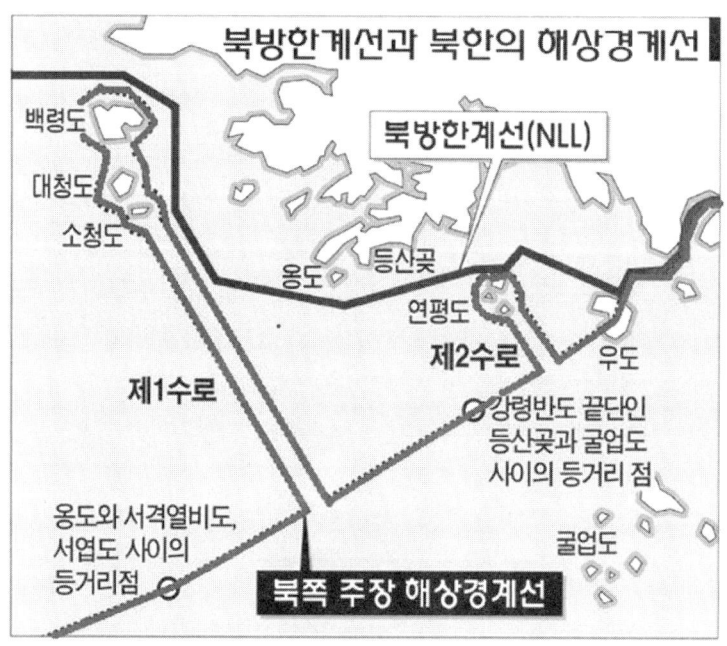

⇧ 북방한계선(NNL)과 북한 주장 해상경계선(연합뉴스)

T. Mahan의 논리에 따라 '육지는 잃는 한이 있어도 바다의 섬을 잃어서는 안 된다.'라는 전략에 기초를 두고 있었다.

이러한 미국의 전략이 한반도 방위 전략에 극명하게 나타난 곳이 휴전회담장이었다. 당시 휴전선은 육지에만 획정되었을 뿐, 해상에는 획정되지 않았기 때문에 문제가 된 것이 서해 5도였다. 이 섬들에 대해 유엔군측과 공산군측 간에는 시각차가 컸다.

미국측은 위에 말한 마한의 전략에 따라 서해 5도를 장악하고 있으면 향후 일어날 수 있는 군사분쟁에서 우위를 점할 수 있으리라는 확신을 가지고 있은데 반해, 북한측은 대남전략을 구사함에 있어 남한의 빨치산과 이를 지원할 수 있는 지상군에 유리하다는 점에 골몰하고 있었다.

따라서 미국의 이러한 전략정신이 계승되어 어떠한 희생을 치르더라도 서해 5도는 결코 포기하지 않는다는 것이었다. 휴전 이후 오늘날에 이르기까지 서해 5도는 군사적 측면은 물론 경제적 측면에서도 매우 중요한 지대가 되고 있다.

먼저 군사지리적 측면에서 볼 때 북한측의 해주만·강령만·대동만을 봉쇄할 수 있고 적으로부터의 수도권 안전을 보장하는데 있어 전략적 거점이 되고 있다는 점이다. 따라서 북한측 해·공군의 해상 작전 활동을 제한 내지 억제시키는 효과와 최전선에 대한 정보를 획득할 수 있는 전략적 중요 기지가 되고 있다. 그리고 NLL 사수를 위한 대비 훈련과 실제 기동 훈련을 통해 전탐기지戰探基地로, 해군의 단독작전 내지 합동작전의 요기한 훈련장인 동시에 수도권방위를 위한 전진방어선 역할을 수행하는 지역이 되고 있다.

이밖에 유사시 옹진반도로 상륙작전을 가능케 하며 북한측의 전

⇧ 서해 어장 현황

선을 차단할 수 있는 전략적 요충지로 북한측 군사력을 분산 내지 고착화시킬 수 있는 효과가 매우 높은 곳으로 인체의 인후咽喉에 해당하는 지역이다.

해상교통로 측면에서 볼 때 북한측 해상교통로의 차단은 물론 출입하는 선박을 통해 수출입 물동량 파악과 함께 경제적 활동 역량을 분석할 수 있는 강점을 지니고 있다. 경제적 측면에서는 우리나라 수출 물동량의 대부분이 해상에 의존하고 있으며, 그 가운데서도 25% 이상이 서울의 관문인 인천항을 통해 수송되고 있고 점차로 증가하고 있는 중국 시장과의 교역성을 고려할 때 서해 5도 지역의 해상교통로서의 안전망은 국가 경제의 중요한 요소가 되고 있다. 이밖에 인근 해역은 발달된 해저대륙붕과 연결되어 있어 막대한 해저 광물자원이 부존되어 있고 천해의 대륙붕 구역에는 숱한 고급 어족자원이 있어 경제적 가치가 매우 높다. 요컨대 이러한 해양상의 요지로 인해 북한측의 불법적인 어로활동 감시와 우리 어선들의 어로활동 보호로 황금어장 보호에 최선을 기할 수 있는 지역이기도 하다.[45]

4. 북한측도 인정해 온 NLL

NLL을 인지, 인정, 수용해 온 정황은 1955년 3월 대외적으로 공

---

[45] 金泰俊, 연평해전의 정의와 성격에 관한 연구, 국방대학원 논문집, pp. 5~8.

포는 하지 않았지만 북측의 내각 결의로 12해리 영해를 결정하면서 북방한계선에 별다른 이의를 제기하지 않았으며, 1959년도 조선통신사가 발행한 조선중앙연감에 현재의 NLL을 군사분계선으로 표시하고 있다.

1963년 5월 군사정전위 제168차 회의 시 북한 간첩선 격퇴 위치에 대한 상호 논란 시에도 유엔측이 북방한계선이 그려진 지도를 제시하고 간첩선 침투 사실에 대해 항의하면서 간첩선이 북방한계선을 침범하였기 때문에 사격하였다고 하였다. 이에 대해 북한측은 북한 함정이 NLL을 넘어간 적이 없다고 언급함으로써 NLL의 존재를 인정, 이를 준수하고 있었음을 입증케 하고 있다.

1984년 9월 29일부터 10월 5일 사이에 북한 적십자가 수해물자를 우리에게 인도하고 복귀하는 과정에서 양측 호송선단이 북방한계선상에서 상봉 인계인수를 함으로써 북한측도 NLL의 실효적 해상경계선임을 인정·준수하였다.

1993년 5월 국제민간항공기구ICAO : International Civil Aviation Organization간행물인 항공항행계획ANP에서 NLL에 준해 비행정보구역 변경안이 공고되었음에도 불구하고 1998년 1월 발효 시까지는 물론, 그 이후에도 북한측은 이에 대해 전혀 이의를 제기하지 않았다.

비행정보구역이 당해 국가의 영토, 영해를 규정하는 것은 아나나 조난 항공기에 대한 탐색 구조 임무가 있기 때문에 통상 해당 국가의 주권이 미치는 구역을 따라 설정하는 것이 상례임을 감안할 때 북한은 북방한계선을 암묵적으로 인정하고 있음을 알 수 있다.

다시 말해 북쪽 한계선으로 하는 한국의 비행정보구역 변경안을 1993년 1월 5일 처음 고시, 시범 운영, 이해 관계국들이 이의를 제기할 수 있는 기간을 충분히 주었으나 북한측은 반대 의견이 없어 1998년 1월 정식 발효시킨 사실은 국제무대에서 NLL 수역이 분쟁지역이 아니라 남한의 영해로 취급받는 중요한 근거 사례라 할 수 있다.

1991년에 서명한 남북기본합의서 제11조에 "남북의 경계선과 구역은 군사분계선과 지금까지 쌍방이 관할하여 온 구역으로 한다."라고 하였고, 1975년 2월 26일 이른바 서해 사태 대치 후에도 NLL을 넘어올 경우 우리측이 경고를 하면 즉시 후퇴함으로써 북한은 실질적으로 NLL을 인정하고 준수해 왔다고 볼 수 있다.

1992년 체결된 남북한 기본합의서 제11조에 "남과 북의 경계선과 구역은 1953년 7월 27일자 군사정전에 관한 협정상에 정해진 군사분계선과 지금까지 쌍방이 관할하여 온 구역으로 한다."라고 명시되어 있으며 불가침 부속 합의서 제10조에서도 "남과 북의 해상 불가침 경계선은 앞으로 계속 협의한다. 해상 불가침 경계선이 확정될 때까지 해상 불가침 구역은 쌍방이 지금까지 관할하여 온 구역으로 한다."라고 규정하고 있다. 이처럼 북방한계선에 대해 남과 북 사이에 다른 합의가 없는 한 준수되어야 할 분계선임을 확실히 하고 있다.

2001년 서해 NLL 인근 해역에서 항로 착오 및 조난으로 인해 NLL을 침범하여 우리측이 나포한 북한 어선을 송환한 바 있으며, 2002년 12월 조난된 북한 선박이 대청도에 좌초되었을 때 이 선박과 선원을 NLL 상봉점에서 북한 경비정을 만나 인계한 바 있다. 이상과 같은 사실은 북한도 북방한계선을 인정, 준수해 왔음을 입증하는 것이다.

북한측은 정전협정 체결 이후인 1953년에서 1973년까지 20년간에 걸쳐 전혀 이의를 제기하지 않고 있다가 1973년 10월과 11월 두달 사이에 무려 43회에 걸쳐 고의적으로 침범하면서 이른바 서해 5도 사태를 유발케하였다.

Chapter 04

북한측이 주장하는 NLL

1. 북한측이 주장하는 NLL과 규제 대상 구역

　북한측은 영해의 범위를 200해리라고 하면서 경제수역도 동일하게 보고 있어 영해와 경제수역을 동격으로 착각하고 있는 듯이 보인다.

　북한은 지난 20여년 동안 준수해 왔던 서해상에서의 북방한계선에 대해 1973년 12월 1일 제346차 군사정전위원회에서 이의를 제기하였다. 그리고는 의도적으로 북한의 함선들을 NLL 남쪽으로 남하시켜 긴장을 조성케하였다.

　북한측은 서해 5도는 유엔군사령부 통제하에 있으나 당해 5도는 북한 통제하에 있는 해역 안에 있으므로 서해 5도 주변 수역은 북한의 통제하에 있다는 것이다. 1999년 7월 21일 및 8월 17일에 열린 장성급 군사정전회담에서 북한측의 서해 분계선은 휴전협전에 따라 주어진 선인 황해도와 경기도의 도경계선을 연장한 '가'점과 북한측 강령반도 끝인 등산곶, 유엔측 관할하인 굴업도 사이의 등거리점인 북위 37도 18분 30초 동경 125도 31분 00초, 그 다음 북한측 섬인 옹도, 유엔사측 관할하 섬인 서격렬비도 소엽도 사이의 등거리점인 북위 37도 01분 12초 동경 124도 55분 00초, 그리고 그로부터 서남쪽의 점 북위 36도 50분 45초 동경 124도 32분 30초를 지나서 북한측과 중국과의 경계선까지 연결하는 선이라 하였다.

이어서 2000년 3월 23일에는 인민군 해군사령부 명의로 1999년 9월에 선포한 서해 해상 군사분계선 선포의 후속 조치로서 서해 5도에 대한 통항질서를 선포하였다. 이 선포 내용에 따르면 북한은 백령도·대청도·소청도의 3개 섬 주변 수역을 제1구역으로, 연평도 주변 수역을 제2구역, 우도 주변 수역을 제3구역으로 구분하고

⇧ 북한이 주장하는 서해5도 통항로

제1구역에 출입하는 미군측 함선과 민간선박들은 제1수로를 통해, 제2구역에 출입하는 미군측 함선과 민간선박들은 제2수로를 통해서만 동항할 수 있다고 선포하였다.

그런데 제3구역으로 드나드는 경우에 대한 적시는 없다. 지정 통항로로 제1수로는 서해 해상분계선상의 북위 37도 10분 3초 동경 125도 13분 19초 지점과 소청도의 제일 높은 고지 정점을 연결한 선을 축으로 하여 좌우 1마일 폭을 가지며, 제2수로는 서해 해상군사분계선상의 북위 37도 31분 25초 동경 125도 50분 38초 지점과 대연평도의 제일 높은 고지 정점을 연결한 선을 축으로 하여 좌우 1마일의 폭을 가진다는 것이다.

이같은 통항질서는 1999년 9월에 선포한 서해 해상분계선 선포의 후속 조치로 볼 수 있다. 이상의 제1구역의 북쪽 경계선은 북위 38선으로 하고 동, 서, 남 경계선은 3개 섬의 영해 기산선起算線에서 2km 폭으로 평행되게 그은 선으로 이들 3개 통항구역 안에서의 함정과 민간선박들은 적대적인 통항이 아닌 이상 통항의 자유를 가진다는 것이다.

또한 북한에서는 "항공기의 경우는 서해 5도에 드나들 수 없으며 부득이한 경우 모든 비행기들은 이 수로 상공을 통해서만 비행할 수 있으며 통항구역 및 통항로에서의 함정과 민간선박들은 공인된 국제항행 규칙들을 엄격히 준수해야만 한다. 만일 함정들과 민간선박 및 비행기들이 지정된 구역과 수로를 벗어난 경우 영해 및 군사통제수역과 영공을 침범하는 것으로 간주되며, 제정된 수로 통항 시 북한측의 행동에 그 어떤 위협이나 지장을 주어서는 안 되며 이 수로들과 통항 구역이 북한측 함정들과 민간선박들의 통항을 가로막는 구역이나 수로가 될 수 없다. 그리고 서해 해상에서 제정된

⇧ 연평도에서 바라본 북한 해주의 동굴 해안 포대 - 2009년 3월 10일

⇧ 백령도에서 바라본 북한 장연군의 동굴 해안 포대 - 2009년 1월 28일

통항질서가 지켜지지 않을 경우, 언제 어디에서 어떤 일이 벌어지리라는 것은 그 어느 누구도 예측할 수 없다. 서해 해상 충돌을 막고 평화와 안전을 보장하려는 우리의 성의 있는 노력에 감히 도전한다면 우리 혁명 무력은 경고 없는 행동으로 대답할 것이라는 것을 엄숙히 공포한다."라고 하였다.

이에 앞서 북한측 인민군 최고사령부는 1977년 8월 1일 북한의 경제수역을 보호하고 민족적 이익과 자주권을 군사적으로 지키기 위하여 동해는 측정선으로부터 50해리, 서해는 경제수역 경계선을 적용한다고 하면서 군사경계선은 경제수역을 보호하기 위한 군사 목적으로 설정, 실시한다고도 보도하였다.

200해리 경제수역 설정에 관해서는 북한 중앙인민위원회 정령을 1977년 6월 21일에 채택, 7월 1일에 이를 발표하고 같은 해 8월 1일부터 실시한다고 하였다.[46]

발표된 내용의 요점은 "조선인민군최고사령부는 평시 국가 상황에서 요구되는 바에 의해 조선민주주의 인민공화국의 경제수역을 안전하게 보호하고 영토 주권과 국가 이익을 군사적으로 확고하게 보장하기 위하여 해상군사경계수역을 설정한다. 군사경계수역은 동해의 영해 경계선으로부터 50마일에 이르는 곳까지이며, 서해는 경제수역을 경계선으로 한다. 군사경계수역의 해상·해중·공중에서 외국 군함, 외국군 항공기의 행동을 전면 금지하며 어선을 제외한 민간선박과 민간항공기는 유효한 사전 합의 또는 사전승인하에서만 항해 또는 비행할 수 있다. 군사경계수역의 해상·해중·공중에서 민간선박과 민간항공기는 군사적 목적을 위한 행위 또는 경

---

[46] 김영구, 북한의 海上軍事環境水域의 법적 성격, 통일론단 주제발표, 1978. 7. 14.

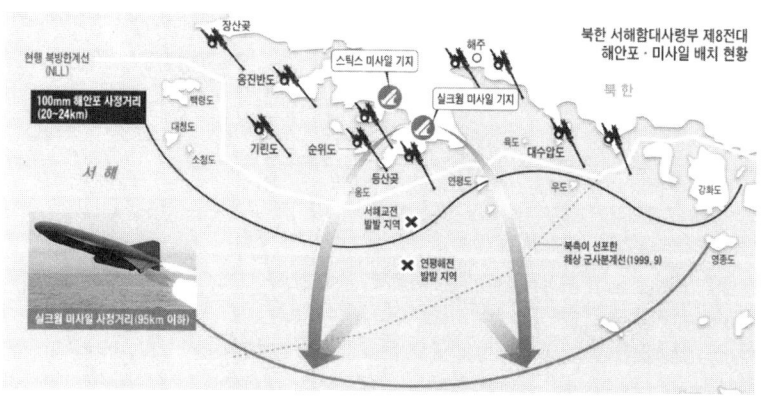

⇧ 북한 서해함대사령부 제8전대 해안포 미사일 배치 현황

제적 이익을 침해하는 어떠한 행위도 금지한다.47)"는 것이다.

이로써 경제수역을 구실로 그동안 북한 해·공군이 실질적으로 경계활동을 해 온 수역에 대한 배타적 방위권을 공식화하였고, 유효한 사전합의 또는 사전승인하에서만 항해할 수 있다고 하였다. 또한 경제수역은 영해의 지상으로부터 200해리로 하고, 200해리 설정이 곤란한 지역은 바다 반분선에 의한다고 하며 동 수역 내 수중·해저·지하에서 생물 및 비생물에 대한 자주권을 행사한다고 하고 승인 없이 외국 선박 및 항공기들의 동 지역 내에서의 고기잡이, 시설물 설치, 탐사 개발, 대기오염 등 인민과 자원에 해를 주는 행위를 금지한다고 하고 있다. 이처럼 북한측은 경제수역과 함께 50해리 군사경계수역을 선포하여 국제법상 유례가 없는 배타성과 폐쇄성을 과시하고 있다.48) 그런데 북한측의 EEZ나 군사경

---

47) 김덕중, 200해리 경제수역과 해상경계선 설정, 북한 1977. 12. pp. 98~101.
48) Choon-ho Park, The 50 mile Military boundary zone of North Korea, 72 AJIL(1978), pp. 866~875.

계수역을 선포함에 있어서 그 범위와 인접국과의 경계는 공식적으로 명시하지 않고 있다.

2. 국제법 및 해양법상으로도 부당한 북한측의 주장

간접 경로에 의해 밝혀진 경제수역을 종합해 보면 동해에 있어서는 동해안의 간성으로부터 두만강 하구의 나주리를 연결하는 이른바 만구폐쇄灣口閉鎖를 기선으로 삼았다. 이 직선기선의 길이는 258해리로, 육지로부터 75해리 떨어져 있다.

이 선은 직선기선 내부에 포용되는 수역이 내수로서의 특성을 유지하기 어려울 만큼 황당한 기선이며, 해양법상 만灣의 정의**협약 제10조 4항**에 관한 24해리 원칙에 비추어 터무니 없는 위법적인 것이다.[49]

극단적인 배타성과 폐쇄적인 군사경계수역에 일본이 항의하였고 러시아는 이러한 일본의 항의를 보도하는 데 그치고 있으나 반감을 드러내지 않고 있을 뿐이다. 국제법상으로 보더라도 1958년 영해협약에서 안보관할 조항이 제외되었고 1982년 유엔해양법협약에서도 이와 관련된 조항을 포함시키지 않은 것은 연안국이 영해외측의 공해상에서 군사수역을 설정하여 안보적 관할권을 행사할 수 있는 권한을 가질 수 없다는 일관된 국제법의 태도를 나타내고 있음을

---

49) 조선일보 1977년 9월 13일자에서 북한과의 어업협의를 위해 평양을 방문한 일본민간 사절단 의원의 일원인 하야시(林義郞)가 밝힌 바 있다.

의미한다고 하겠다.

　이러한 견지에서 보더라도 북한측이 그들의 군사수역에서 영해 외측까지 확장된 구역 내의 타국 선박에 대해 공해상의 권한을 제한하여 배타적 관할권을 주장하고 행사하는 것은 해양법상으로 보아도 용납되지 않는 처사이다.

　그럼에도 1977년 8월 1일자로 북한측은 군사경계수역 획정범위와 배타적 주장의 내용이 매우 특이하고 극단적이어서 국제사회의 시각으로 볼 때에도 매우 부당하며 역시 위법성을 내포하고 있는 것이다. 따라서 북한측의 군사수역은 그 설정 범위가 해양법의 그 어떤 규정이나 원칙면에서도 용납될 수 없는 사안이다.

　또한 북한측은 2000년 3월 23일 인민군 해군 사령부 명의로 지난 9월에 선포한 서해 해상 군사분계선 선포 조치에 따른 후속 조치로 서해 5도에 대한 통항질서를 앞서 상술한 바와 같이 발표하였는데, 후속 조치의 특징인 즉 그 대상이 미군측 함정과 민간선박으로 한정시키고 있어 남한측 경비함정에 관해서는 언급이 없다는 점이다.

　아마도 이러한 북한측의 의도는 서해 해상경계선 문제에 관한 협의를 북한측 당국과 미국으로 특정하고 있는 그들의 기본 입장과 일관성을 유지하기 위한 것으로 보이나 이러한 통항질서라는 것이 기본적으로 모순과 오류를 자초한 조치인 것이다.

　이 같은 발표는 휴전협정 당시 유엔군사령부가 설정한 NLL이 하등의 법적 타당성 없이 유엔사가 일방적으로 설정한 선이라고 하여 저들이 선포한 해상군사분계선만이 휴전협정은 물론 국제법에도 전적으로 부합되는 가장 합리적이고 현실적이며 공명정대한 해상분계선이라는 주장을 되풀이하기 위한 것으로 보인다.

여기에 덧붙여 북한에서는 세계 여론은 물론 남한의 정계·사회계·학계에서도 NLL의 불법성에 대해 새로운 서해 해상분계신의 법적 타당성을 인정하고 있다고 떠벌리고 있으나, 이들의 주장은 모순과 허구임이 다음과 같은 몇몇 사실에 입각해서도 반증되고 있다.

첫째, 휴전협정상 서해 5도가 우리측 관할하에 있음은 인정하되 이들 섬을 둘러싼 바다를 포함, 그들이 설정한 서해 해상분계선 이북의 전 해역이 그들의 영해이며, 또한 군사통제수역이라는 것을 전제로 우리측 함정 및 민간선박이 이곳을 드나들기 위해서는 저들이 지정한 통항구역에서만 활동할 수 있다고 하고 있다.

그렇게 되면 지금까지 북한의 함정, 항공기, 어선을 포함한 민간선박들의 월선이 금지되어 왔고, 반대로 우리측에서는 자유로운 조업(군사적 이유로 금지된 구역 제외)이 전 해역에서 이루어지고 있는 상황과 배치된다. 만일 북한측 주장대로라면 반대 현상이 일어나 현실성이 전혀 없는 주장이 되고 만다.

여기에다 북한측은 통항질서가 지켜지지 않을 경우 언제 어디에서 어떤 일이 벌어질지 누구도 예측할 수 없다는 다분히 협박성 경고를 내비치고 있다. 이른바 군사경계수역 내에서 주장되는 관할권의 내용이라는 것이 모든 외국인, 외국 군함, 무기 탑재나 훈련 활동뿐만 아니라 출입항까지 모든 행위가 금지된다고 하고, 민간선박(어선은 제외) 및 항공기도 적절한 사전협정이나 사전허가에 의해서만 항행, 비행할 수 있다고 할 때, 영해에서의 타국 군함, 군용항공기의 무해 통행은 그 허용 여부가 논란의 대상이 되지 않을 수 없다.

극단적인 배타적 권한 옹호자라 해도 사전허가가 있으면 이를 허용하는 것까지는 예상하고 있는데 반해, 북한측은 이러한 가능성마저 획일적으로 배제하고 있어 이같은 극단적 배타성은 세계적으로 유례를 찾아보기 어려운 조치인 것이다.

다음의 민간선박 및 항공기에 대해서도 극단적인 배타성을 적용하고 있는 군함에 준해 취급되고 있음을 내포하고 있다. 이상과 같은 북한측의 주장은 역사상 전례가 없는 관할권의 횡포요, 배타적 주장이라고 밖에 볼 수 없다.

국제법상 섬도 영해, 접속수역, 배타적 경제수역 및 대륙붕을 가지는 것으로 규정하고 있으며 해양경계선의 획정에 있어서도 섬과 배타적 경제수역 및 대륙붕의 경우가 달리 취급되고 있음을 간과한 주장인 것이다.50)

요컨대 이제까지의 서해 5도의 관할을 인정하면서도 통항구역을 설정한다는 것은 국제법상 용납될 수 없는 행위인 것이다.

---

50) 유엔해양법 협약 제121조 2항. 주)유엔해양법 제74조 1항 및 동법 제83조 1항.

chapter 05

서해 5도 확보를 위한 전란 기간의 작전

1. 서해 5도 주변 도서 확보

1950년 12월말 북진하였던 지상군이 38선 이남으로 후퇴함에 따라 서해에서의 해군 소해掃海작전은 새로운 국면을 맞게 되었다. 북한측은 해안 요소 요소에 포대를 설치하고 주요 항만과 해안에 어뢰를 부설함으로써 유엔군의 봉쇄작전과 함포사격, 상륙작전에 쐐기를 박고자 하였다. 이에 유엔 해군의 지속적인 소해작전은 불가피하게 되었다.

소해작전 중 1951년 5월 6일 서해안 석도 근해에서 JMS-306함 정이 기뢰에 저촉되어 침몰하면서 36명의 승조 장병 가운데 6명의 사망 또는 실종자가, 17명의 부상자가 발생하는 사건이 발생했다. 당시 해상에서의 북한측 기뢰 부설은 대략 4천 여 개로 추정되는

데, 서해안에서는 주로 대동강 하류와 백령도 및 초도 근해에 다량의 기뢰를 부설하였다.

이에 한국 해군과 유엔 해군은 적이 부설한 기뢰 가운데 한국 해군이 1011개, 유엔 해군이 1088개의 상당수를 소해함으로써 그 후 유엔군의 해상작전은 원활하게 수행될 수 있었다.

서해안의 전략적인 도서를 확보하기 위해 1951년 4월 2일부터 휴전 성립 시까지 수행된 작전은 6·25 이후 북한 공산군이 주로 경의선과 연안 도로를 중심으로 병력 이동과 물자 수송을 하였기 때문에 이 지대의 안전 확보에 주력하였다.

따라서 북한측은 황해도 연백군 일대의 해안선 경비를 강화하면서 필요 시 강화도 북쪽의 교동도 등에 게릴라를 침투시켜 한국군의 후방을 교란하고자 하였다. 당시 서해안 지역 여러 섬들은 한국군의 영향하에 있었으나 방어 태세는 미미한 상태였다. 만의 하나 북한 공산군이 교동도를 점령한 뒤 김포반도로 상륙한다면 인천까지 진공할 수 있는 가능성을 배제하기 어려운 상황이었다.

이에 한국 해병대는 이 지역 섬들을 확보하기 위하여 1951년 4월 2일 교동도에 상륙하는 한편, 이 작전을 공고히 하기 위해 새로이 편성된 해병 독립 제41중대가 4월 23일 백령도에, 5월 7일 진남포 서쪽 30km 지점에 위치한 석도에 상륙하였다.

이 같은 작전에 대응하기 위해 북한 공산군은 황해도 도서연안지대와 이와 인접한 연백·장연·은율·송화·용강 일대의 해안에 6군단 병력과 중공군으로 하여금 서해안 경비를 강화하면서 한국 해병대의 상륙작전을 저지하고자 하였다.

그러나 한국 해병대는 계속되는 도서확보작전의 필요성에 따라 1952년 1월 연대 규모의 도서부대를 창설하고 상륙작전을 전개하여 1월 18일 제9대대가 연평도로, 1월 22일 제93중대가 백령도 북방 60km에 있는 초도에 상륙하였다.

이리하여 교동도를 비롯한 연평도·백령도·대청도·소청도·석도·초도 등의 도서를 한국 해병대가 장악하자 북한 공산군은 석도와 초도에 포격을 가하면서 한국군의 해안상륙을 저지하고자 하였다.

1952년 4월부터 1953년 7월까지 아군측은 동·서해안 주요 도서연안에 적의 진출을 사전 봉쇄하고 적의 요새와 병력 집결지 및 포대를 탐색, 격파하면서 기뢰부설을 미연에 방지하는 등 능동적인 기습 작전을 감행, 적의 도량을 분쇄하였다. 1952년 4월 19일 PT-23 및 26정艇은 대청도 근해에서 경비 중 마합도에 있는 적의 포대와 범선 수척을 발견하고 이를 로켓포로 포격하여 막대한 피해를 가하였다.

5월 5일에는 해주만 입구에 위치한 부포리에 접근, 적의 포대와 기타 표적을 공격 후 해주에 있는 적의 보급소와 병력 집결지, 대공 및 해안 포대와 공장에 공격을 가하였다. 이어서 PT편대는 장산곶에서 등산곶 해안까지를 봉쇄하여 요소 요소로 기습작전을 감행하였다.

PT의 특성인 소형 고속의 기동성과 화력을 이용하여 적의 연안 가까이에 접근, 전격적으로 작전을 수행하여 적의 해상 진출을 봉쇄하고 아군의 제해권을 확보하는 데 박차를 가하게 하였다.

적은 휴전회담 타결 이전의 기간을 이용하여 옹진반도 해안의 각 고지에 견고한 해안포대를 구축하는 한편 해안 경비 병력을 증강시켰다. 1952년 7월 15일 02시에는 300여 명의 인민군이 야밤을 이용하여 아군 주둔지인 창린도를 기습해 왔다.

당시 섬에 주둔 중이던 돈키부대가 중과부적으로 철수함에 따라 이 섬이 적의 수중에 들어갔다. 그러나 다음날인 7월 16일 04시 35분에 702함정이 돈키부대원 140명을 승선시켜 발동선 1척과 범선 9척을 지휘하여 상륙지점을 향하였고, 연합군 함정의 포사격을 지원받아 탈환에 나섰다.

동일 06시 30분 유엔군측 전투기 4대가 폭격을 개시, 상륙부대는 적의 반격을 받았으나 계속 전진해 12시 35분에 적의 맹렬 저항지였던 고지를 탈환하였다. 17시경 잔류 적들이 소탕됨에 따라 사살 70명, 포로 27명, 토치카 파괴 5개소의 전과를 올렸다. 이후 유엔 해군의 봉쇄부대에 의해 1950년 9월 12일 봉쇄작전 전담부대인 제95기동부대가 편성된 이래 해안도서 확보 작전은 순조롭게 지속되었다.

즉, 유엔 해군의 주과업인 해상 봉쇄작전과 적들에 대한 차단작전 지원에 충실할 수 있었다. 전쟁 기간 중 소련과 중공의 여러 항구로부터 북한지역으로 들어오는 보급물자가 해상과 공중으로 수송되는 것을 사전에 차단하고 해상 봉쇄와 함포 사격으로 적의 지상 병력에 압력을 가함과 아울러 제공권을 일방적으로 장악할 수 있었다.

1951년 3월 7일 미제8군은 양동작전陽動作戰 : Ripper을 수행하면서 서해에서 해군에게 상륙작전 시위를 감행토록 하였다. 이에 미 해군의 소해 구축함과 한국 해군 소해정 2척이 대동강 입구를 소해하였고, 이어서 순양함 1척과 구축함 1척이 연안에 함포 사격을 가하였다. 3월 3일에는 상륙함 5척이 해안을 따라 북상하여 초도로 항진하다가 다시 인천항으로 회행하는 등 교란작전을 펴 적을 혼란에 빠뜨렸다.

1951년 4월 22일부터 적의 춘계공세가 시작되어 김포반도에서 도하작전을 실시해 서울을 이중포위하려는 작전에 대비해 유엔군 기동부대의 함재기들이 4월 23일부터 10일 동안 근접 항공 지원 임무를 수행하였다.

이러한 와중에 모의 상륙작전인 Simulated Pre-landing Operation이 실시되었고, 4월 24일 순양함 3척과 구축함 4척이 동해안 고성지역에 2시간 동안 함포사격을 가하는 등 양동작전이 효과적으로 수행되었다. 1951년 3월에 있었던 대동강 외해外海작전으로 이제까지 방어 세력이 없었던 황해도 연안으로 적의 병력이 이동해 서해에서 초도 방면으로 방어부대가 집결되었다.

1951년 7월 하순 휴전회담 진행 중 개성에서 군사분계선 문제가 거론되고 있었는데, 북한측은 38선으로 하자고 고집하였으며 유엔군측은 현 전선으로 하자고 맞섰다. 이 문제의 토의과정에서 38선 남쪽과 임진강 서쪽에 있는 옹진반도와 그 연안지역을 어느 쪽이 통제할 것이냐가 중요 문제로 대두되었다.

이 기간에 기동부대 사령관인 다이어 해군소장은 대형 함정이 해안에 접근하여 포격할 수 있도록 해주만 진입로를 검색 소해하였다. 7월 26일부터 29일까지 미해군 호위항공모함 시실리함과 영국의 경항공모함 글로리함 등이 시위작전을 전개하였다. 7월 27일부터 29일까지는 순양함 로스엔젤레스함이 해주만 서쪽 연안에 있는 적의 진지를 포격하면서 위의 연합 함정들이 한강 하구에서 적의 북방 표적을 포격하였다.

휴전이 성립될 당시까지 유엔 해군은 근접 항공 지원과 함포 사격으로 지상군을 지원하는 한편 해상 봉쇄에 박차를 가하였다. 회담 막바지 무렵인 24일부터 27일까지 3일간 군사분계선을 고정시키기 위해 185회의 출격과 뉴저지함과 순양함 3척, 구축함 12척이 3개 조로 나누어 전선을 지원하였다. 막바지 2개월간에는 16인치 포탄 1744발, 8인치 포탄 2800발, 6인치 포탄 700발, 5인치 포탄 13000발을 발사하면서 모든 전선에 불을 뿜었다. 반면 아군 해병대는 휴전이 성립될 때까지 상기 도서들을 확보하면서 여러 차례에 걸친 기습상륙전을 감행하여 적에게 막대한 타격을 주었다.

2. 휴전 이후 서해 NLL 인근의 북한측 전력 상황

　1953년 7월 휴전이 성립되자 한국 해병대는 초도와 석도에서 철수하였는데 북한측은 휴전 이후 남포에 서해 함대사령부를 설치하였다. 북한측은 6개 전대 420여 척의 함정 중 60% 가량을 배치시켜 8전대 소속 경비정과 유도탄정 등 70여 척이 등산곶·순위도·기린도·사곶·육도 등에 포진 활동하면서 장산곶에는 구경 100mm **사정거리 27km**와 76mm **사정거리 20km**인 해안포를, 등산곶에는 인천 지역까지 사정권이 미치는 실크웜 미사일 **사정거리 95km**을 각각 배치하였다. 최근에는 사거리가 20km이상인 120mm와 130mm 등 대구경으로 교체되었다.

　특히 해주만 입구인 강령군 일대와 장산곶·등산곶에는 100여문이 넘는 해안포를 빽빽하게 집중 배치하고 있고, NLL 북쪽의 사곶과 초도 등에는 80~100척의 초계함과 경비정, 어뢰정을 집결시켜 놓고 있다. 공중으로는 평양 남쪽 황주 과일 곡산 기지에 110여

대의 미그 21과 미그 19전투기도 배치하고 있다.

NLL 주변에 배치된 남북한 간의 전력을 대비해 보면 다음과 같다.

공군	남	F15K 전투반경 1800km 주야 전천후 공대지미사일 슬램-ER 280km 공대지유도폭탄 JDAM 30km
	북	미그 21 전투반경 1580km 야간전투 제한적 500kg 폭탄비유도
해군	남	• 한국형 구축함 4400t 길이 150m 최고시속 29노트 구경 107mm • 함포 함대공미사일 SM-2 170km 함대함미사일 해성 140km • 윤영하함 440t 길이 63m 최고시속 40노트 구경 76mm 함포 함대함미사일 해성 140km 완전자동 • 고속정 참수리 170t 길이 37m 최고시속 37노트 구경 40mm 함포 20mm 벌컨포 2문 • K-9자주포 구경 155mm 사정거리 최대 45km • 주요미사일 SLAM-ER 공대지 사정거리 280km 길이 4.4m 명중률 3m이내 • JDAM합동직격탄 사정거리 24km 길이 3~3.9m 명중률 3~13m이내 • K-9자주포(구경 155mm 사거리 40km 최대시속 (67km) • 대공미사일 미스트랄(사거리 6km 200mm 대공포)
	북	• 나진급 1500t 길이 102m 최고시속 24노트 구경 100mm 함포 함대함미사일 스틱스 80km • 대청급 425t 길이 60m 최고시속 30노트 구경 100mm 함포 50mm 대공포 수동 • 오사급 210t 길이 38m 최고시속 35노트 구경 30mm 기관포 2문 스틱스미사일 4기 • 해안포 구경 152mm 사정거리 17km • 동굴 요새화 130mm포 사거리 27km 76.2mm 사거리 12km • 130mm 야포 사거리 27km 지상 곡사포 1000여문

기타	북	• 북한의 주요 해안포 대구경포 130mm 사거리 27km, 120mm 사정거리 24km • 평사포 76.2mm 사정거리 13km[51] • 실크웜 미사일 사거리 83~95km 샘릿지대함 미사일 사거리 90km

---

51) 〈바닷가 동굴에 포 100문 집중 배치〉중앙일보 2009년 12월 22일, 12월 24일 기사 및 方仁傑, 북한의 법적 지위에 관한 연구, 한국해양대학 대학원 법학 석사 논문 2006. 8, p. 29. 〈서해 NLL 남북 군사력 비교〉중앙일보 2009. 6. 6. 등 참조.

Chapter 06

서해 5도와 주변 도서 상황

　서해는 대륙 연안을 따라 흐르는 해수로 바닷물이 고여 있지 않고 유동하는데, 이 유수 운동은 주로 대양에서 유입되는 해류와 아시아 계절풍, 중국 대륙과 한반도로부터의 담수의 유입, 조석운동 등에 기인해 일정한 수계를 이룬다. 수심은 100m 미만의 천해인 까닭에 외력에 민감하게 반응하게 되어 지역과 계절에 따라 해황海況이 복잡하게 나타난다.

　서해의 주요 수계로는 황해난류, 중국대륙연안수, 황해중앙저층냉수, 서해연안류 등이 있고 계절에 따라 분포가 상이하게 나타난다.

　특히 서해연안류와 관계가 깊은 것은 황해난류이다. 황해난류는 동지나해를 북상해 오는 쿠로시오의 지류인데 이 해류는 제주도 남쪽에서 분류되어 한 갈래는 대한해협을 거쳐 동해로 유입되어 동한난류가 되고, 다른 한 갈래는 제주도 서쪽을 지나 서해로 유입되어 황해난류가 된다.

황해난류는 동한난류에 비해 그 세력이 매우 미약하다. 가을철인 10월경부터 황해난류는 한층 더 미약해지고 북서계절풍에 의한 취송류吹送流인 서해연안류가 형성되어 서해연안을 따라 남하한다. 이처럼 서해연안류는 겨울철 북서계절풍에 의해 서해연안을 흘러내려 오는 연안류이다.

겨울철에 그 세력이 강해지며 3월달에 가장 강해진다. 서해연안류의 염분농도는 쓰시마해류보다는 낮고 중국대륙연안수보다는 높다. 겨울철에는 수온이 섭씨 6℃ 이하로 염분이 32.5%이나, 봄철에는 34.2%의 최고 염분성을 보인다.

서해연안류는 황해난류의 북상을 막아 난류성 어류가 제주도 남쪽 고수온수역으로 이동하여 서해어장에 영향을 미친다. 이러한 서해는 어족자원이 풍부한 지대인 동시에 해상 곳곳에 수많은 유무인도가 산재해 있으므로 해상교통로로 옛부터 외적의 침입 시 국방수호의 전초기지가 되어 왔다.[52] 이러한 서해상 NLL과 관련되는 제도와 인근 도서상황을 신증동국여지승람, 황해도지 옹진군지 등을 참조해 간추려 봄으로써 서해 5도 주변 상황 이해에 가름하고자 한다.

백령도白翎島

따오기가 흰 날개를 활짝 펼치고 하늘 높이 날으는 멋진 모습을 뜻하는 고니에서 비롯된 곡도鵠島가 고니의 흰 깃털을 나타내는 백령白翎으로 표기되면서, 곡도鵠島는 백령도로 변칭되었다. 그 시기는

---

52) 한국해역종합해양환경연구보고서 -황해-, 한국과학기술처, 1984. 및 한국민족문화대백과사전 12권, 한국정신문화원, 1991, p. 74.

언제쯤인지 정확하지 않으나 고려 명종 때 사람인 김극기號가 노봉 : 老峰이며 광주 사람이다의 시문집인 삼한시귀감三韓詩龜鑑 : 본집 150권이 있음에 오를 정도로 보아 상당히 오래전부터 불려져 온 도서명인 듯하다.

이 섬은 인천에서 210km, 평양까지는 150km로 서해교통로상 요지이다. 또한 고조선 이래 삼국시기, 고려, 조선조에 이르기까지 관방요새지로 한결같이 중요시된 섬이다.

고려 현종 9년1013년에는 진영鎭營을 설치하고 국방의 일익을 담당하였다. 공민왕 6년인 1357년에는 왜구의 극심한 노략질에 시달리면서 기존에 설치해 있던 진의 명칭마저 폐하고 내륙의 황해도 문화현文化縣 동촌東村 가을산加乙山으로 이전移鎭케 하였다. 조선조 태종 10년인 1410년에는 이곳의 관리와 백성들을 문화현으로 이속시킴으로써 한때 이 섬은 공동화되다시피 하였다.

그러나 세종조 때에 국방력을 강화해 나가면서 다시 원주민의 입도入島와 국영목장國營牧場을 설치하고 진영을 복설復設한 이래 근세기에 이르기까지 그 면모를 유지 발전시켜 왔다.

고종 31년인 갑오경장 이후 황해도 장연군에 속하면서 진鎭의 첨제절사僉節制使 대신에 도장島長을 두어 관할케 하였으며, 일제강점기에는 대청도와 소청도를 합해 백령면으로 행정구역화하였다. 8·15 광복 후에는 38선이 그어지면서 경기도 옹진군으로 속하게 되었다.

이러한 백령면은 진촌鎭村, 북포北浦, 가을加乙, 연화蓮和, 남포南浦, 대청大靑, 소청小靑의 7개 리를 두게 되었다. 섬 안의 연화리가 된 연지동에는 옛날부터 커다란 연못이 있어 왔다는 연못터가 있고, 진촌에는 첨사가 거하던 진영의 구지舊址가 있어 백령도의 고사故事를 가늠케 해 주고 있다.

6·25 전란 후 평안도와 황해도 등지에서 들어온 피란민과 원주

민들이 오늘날까지 거처하고 있으면서 하루속히 전화戰禍의 공포로부터 벗어나기를 고대하면서 2010년 10월 현재 5천여명의 주민이 거주하고 있다. 6·25 당시 용기포龍機浦 백사장은 미군 표豹 : Wolf 작전기지사령부의 천연비행장으로 이용되었다.

백령도는 예전부터 풍광이 아름다워 신선이 내려와서 놀았다는 전설을 간직하고 있다. 섬 주위가 대부분 백사장으로 되어 있으며 백사장 밑으로 굽이굽이 맑은 물이 스며들고 있다. 백령도에서 가장 기이한 풍경은 장산곶이 바라보이는 섬의 서북쪽에 위치한 두무진이다. 이곳을 찾은 외국인 선교사들이 구미 각국에 널리 소개하면서 명소가 된 바 있다.

백령도는 일명 해금강이라 일컬어질 정도로 천연의 기암괴석이 갖가지 형태로 솟아 있어 그 위용을 드러내고 있다. 둘레 45km 넓이 47㎢의 섬은 온갖 식물이 자라기에 부족함이 없는 토질로 옛부터 목장으로 유명하였으며 산마다 송림이 무성하여 조선재造船材 산지로도 이름나 있었다.

근세기에 와서는 해안의 간사지干潟地까지도 일궈 전답면적을 넓혀 놓고 있다. 현재는 경기도 옹진군 백령면으로 되어 있고 상주인구는 6천 명 가량이 된다.

대청도大靑島와 소청도小靑島

옹진반도 남서쪽 약 40km 해상에 위치해 있다. 동경 124도 53분 북위 37도 53분에 자리하고 있으며 면적은 126㎢에 해안선 길이는 26km이다. 1985년까지 423호에 1893명이 거주하고 있었다.

섬의 형태는 북동에서 남서쪽으로 길게 뻗어 있으며 높이 343m

의 삼각산이 남부에 있고 북동에서 남서 방향으로 200m 이상의 높은 지대가 형성되어 있다. 1월 평균기온 -4℃, 8월 평균 기온은 24℃이다. 강우량은 665.3mm이고 강설량은 65mm이다. 이곳의 동백나무숲은 1962년 천연기념물 제66호로 지정되고 있으며, 국내 최북단의 동백나무 자생지로 알려지고 있다.

대청도와 소청도는 중국『대명일통지大明一統志』에 기재될 정도로 국제적으로 널리 알려진 섬이다. 이 섬들을 중국에서는 대도서大靑嶼와 소도서小靑嶼라 기록하고 있다.

갑오경장 이후에는 한때 도장島長을 둘 정도로 중시하던 곳이기도 하다.『동국여지승람東國輿地勝覽』장연현長淵縣 고적조古跡條에서는 고려 충숙왕 4년 원나라 발랄 태자가 이 섬에 유배살이를 하다가 10년이 지나서야 본국으로 소환되었다고 하며, 이후에도 충숙왕 11년과 16년에 두 차례나 이곳으로 유배왔다고 한다.

그런가 하면 동왕 17년에는 도우첩목아陶于帖木兒가 이곳으로 유배당하였다가 소환된 곳이기도 한데, 그가 거처하던 집터와 소를 기르던 목장의 흔적이 남아 있다. 이 지역이 원나라 태자들의 유배지가 된 것은 고려와 원나라와의 관계가 원만한 시기로, 발랄 태자가 15년간을, 후에 원나라 순제順帝가 된 도우첩목아陶于帖木兒가 태자 시절 2년간을 이곳에서 유배살이를 하였다.

이곳이 원나라 태자들의 유배지가 된 것은 원나라 탑야속塔也速이 백령도로 유배되면서 뱃길이 열리고 서해의 여러 섬들이 원나라 조정에 알려졌기 때문이다. 전설적인 고사는 유명한 해주海州 신광사神光寺 건축 설화와 연결되어 있다.

『동국여지승람』대청도 고적조에 따르면 기소거택기유존其所居宅基猶存이라 하여 그 전거典據를 밝히고 있다. 이에 덧붙여 영조 때의 이중환이 지은 『택리지擇里志』에는 순제가 심었던 뽕나무, 옻나무 및 띠풀 등이 매년 자랐다가 스러지고 떨어지며 집터의 계석階石 및 초석 등이 옛자취를 완연하게 보여 주고 있다고 기록되어 있으나 오늘날에는 그 같은 흔적은 찾아볼 수 없다.

대청도는 예전에 고래잡이 근거지로 유명하였으며 오늘날 까지도 여타 어업의 중심지가 되고 있다. 그러한 연고로 1931년에 대청어업조합에서 수축한 선진포의 방파제는 서해 여러 도서중 안전성을 자랑하는 선박 파난지가 되어 왔다.

대청도의 또 다른 명물로 매를 빼놓을 수 없다. 조선조 말기까지도 매에 관한 일을 맡아 보던 응방鷹坊을 두고 있었다. 우리나라 매 가운데서도 해동청海東靑 보라매는 세계적으로 널리 알려져 그 명성이 드높았다. 이러한 매가 잘 잡히는 곳이 바로 대청도였다.

대청도는 대륙 멀리서 황해를 날아오다 처음으로 안착하는 곳이다. 섬 주변에는 매의 먹이가 많으며, 섬의 기후 조건이나 제반 환경이 매의 서식지로 알맞다. 그런 연유로 전국의 수렵가들이 이 보라매를 잡으려 가을철이 되면 대청도로 몰려들었다. 이 당시 매 한 마리는 매우 고가에 팔려 나갔는데, 아마 당시 수출 종목 가운데 가장 선호도가 높았을 것이다.

대청도는 해류의 기온에 따라 동백나무의 북한지北限地로, 한겨울에도 깊은 산골짝 양지 바른 곳에 봉우리가 맺혀 있던 곳이었다. 오늘날에는 지구온난화로 특이 상황이 못 되지만 수년 전만 하여도 이러한 현상은 쉽게 찾기 힘든 것이었다.

대청도와 소청도 두 섬은 연평도 서쪽에 위치해 있다. 소청도에는 기암총석奇巖叢石이 바닷물 속에 솟아 장관을 이루며 연안 해변에도 병풍처럼 둘러 쳐져 있어, 일명 분암粉岩이라 일컫기도 한다.

이곳이 바로 원나라 순제順帝가 태자시절 유배살이를 하면서 노닐던 자리라고도 전해진다. 분암은 천연 슬레이트가 되어 섬 안의 여러 가옥의 지붕을 잇고 있으며, 심지어 대청도와 백령도에까지 반출해 보급될 정도이다.

위와 같은 백령도・대청도・소청도 등의 여러 섬들이 대항對向하고 있는 육지의 명소는 등산곶登山串이다. 등산곶에는 그 옛날부터 만호진萬戶鎭을 두고 있었던 관방요새지關防要塞地이며 오늘날에도 전략요충지로 주목받는 곳이다. 또한 경관이 빼어나 맑은 물과 고운 흰모래가 절경을 이루고 연해안으로는 송림이 무성해 문자 그대로 청송백사靑松白沙의 승경勝景을 이루었으나 오늘날에는 북한측 해안포대의 소굴이 되고 말았다.

『여지승람』강령현 산천조에 의하면 등산곶에는 백사정白沙汀이 있는데, 조수가 빠지면 흰 모래가 평평하고 곱게 깔려 있는데다 그 바닥이 단단해서 말을 달려 나가면 새나 짐승을 따라잡을 수 있을 정도라고 하였다.

예전에는 해주 땅에 속해 있었는데 고라니와 사슴이 수천백씩 무리지어 다닐 정도였다고 하며, 고려말 우왕禑王이 요동정벌에 나서려 할 때 오부五部의 장정을 징발하여 군사를 조련하던 장소이기도 하다. 작전상 기밀을 유지하기 위해, 해주 서쪽 백사장으로 사냥을 나간다고 하면서 떠났던 곳이 바로 이곳이다. 요동정벌 계획이 수포로 돌아간 이래 이 지역은 상당 기간 목장으로 변해 운영된 적도 있었으며, 오늘날에도 관방요새지로서의 입지를 고수하고 있다.

창린도昌隣島와 기린도麒麟島

등산곶 서편 동남반도 서면 남쪽 해안 8km 지점에 위치한 창린도는 조선조말 옹진군 서면西面에 속해 있었다. 뭍에서 남쪽 해상으로 약 5~6마일 떨어져 있으며, 섬 서북쪽으로는 『심청전』으로 유명한 인당수가 있고, 장산곶과 대향하고 있다.

이들 섬 주변은 해태, 석화, 바지락, 가시리 등 질 좋은 해산물이 풍부해 일제시대에는 군부대 부식물로 지정되어 전량 납품케 하는 등 수산물의 보고로 자리매김하고 있었다.

특히 창린도 도진渡津 선창 앞으로 약 1km에 달하는 갯벌이 있어 겨울철에는 이틀 동안 간조 시 물이 말랐다가 바다가 되는 곳이다. 조금 때에는 범선으로 두구이망을 끌고 다니며 해조류를 다수 채취해 높은 소득을 올렸다.

섬에는 매실리, 평촌, 도진몰, 당하촌, 창몰, 뒷나루, 신촌, 대동, 농막, 살쿠지 등 10개의 자연부락이 있었다. 이들 여러 부락 가운데 신촌, 대동, 농막, 창몰 앞 한틀벌에는 기름진 농토가 있어 벼, 조, 밀, 보리, 콩, 팥, 녹두, 메밀, 고구마, 감자 등의 농작물도 수확하여 자급자족할 수 있는 섬으로 생활에 부족함이 없었다. 서해 바다 기린도 앞에 위치한 푸른 물결 위에 떠 있는 섬이라는 데서 창린도라 불려졌다.

기린도라는 섬 이름은 기린처럼 길게 생긴 섬이라는 데서 붙여진 지명이다. 기린도의 당촌堂村 사당에서는 부군신을 모시고 매년 9월 9일 전체 부락민들이 모여 마을의 안위와 농수산업의 풍요를 기원하는 대동굿을 거행하였다.

마을 대동촌의 수백년이 된 괴목槐木 옆 사당에서도 노사부군을 모시고 해마다 정월보름이면 부락민들이 모여 정성껏 당굿을 올렸다. 북한에서 면제가 폐지된 이후 1954년에 옹진군 기린도리가 되었는데, 조선말 이후에는 용천면에 속해 있었다.

마합도麻哈島와 순위도巡威島

옹진군 용천면 마합리는 육지와 섬 일부가 포함되어 있는 고장으로 마합도는 섬마합과 뭍마합으로 갈라져 있다.

마합도는 정치망 어장으로 이름난 곳이다. 거센 물살을 이용해 그물을 쳐놓으면 조수의 물결을 쫓아 헤엄쳐 오고 있던 물고기가 그물에 무수히 잡힌다. 간만의 차가 큰 사리 때에는 마차 가득히 잡은 고기를 실어 나를 정도였다.

이곳에서는 천일염전도 번창하였다. 마합도와 순위도 사이에는 크고 작은 유무인도가 바둑알처럼 펼쳐져 있으며, 섬과 섬 사이 그리고 이들 섬 안팎에는 천태만상의 진귀한 풍경이 펼쳐져 있다.

순위도는 행정구역상으로 황해도 최남단인 흥미면에 속해 있었다. 6·25 이전까지만 하여도 예진리와 창암리의 2개 리로 나누어져 있었다. 조선조 때에 순호진巡湖鎭을 두어 수군첨절제사水軍僉節制使가 있었던 곳이다.

즉, 군사상 특별 단위지역으로 관방요새지로 삼아왔던 곳인데 조선말기까지만 하여도 군마의 방목장으로 이용되었다. 순위도 예나루 뒷산은 사시사철 무성한 소나무가 푸르름을 자랑하고 있었으며 철따라 찾아 드는 백로와 두루미의 서식처가 되어 왔다.

예나루 바닷가 기암절벽 아래에는 장고굴이 있는데, 굴 속에 들어가 벽을 두드리면 마치 장고소리가 나는 듯하다 하여 장고굴이라 부르게 되었다. 이 굴은 평상시에는 바닷물이 차 있어 밀물 때에는 외부로부터 출입할 수 없으나 썰물이 되면 드나들 수 있어 외적의 침입이나 위급한 일이 발생하면 주민들의 은신처 구실을 하였다.

무엇보다 순위도에 청송靑松이 한창 무성할 때 청송 위로 춤추듯 날아드는 학의 모습은 가히 자연의 조화가 어떠한가를 실감케 하였다. 순위도가 속해 있던 흥미면 서쪽은 3면이 바다로 둘러싸여 마치 말 편자 모양의 쌍 반도로 된 육지부의 동남면 용호도龍湖島와 어화도漁化島를 사이에 두고 순위도가 자리하고 있다.

순위도와 용호도 간 해역으로부터 면내 봉강리, 괘암리, 냉정리 사이에는 기암괴석의 계곡을 뚫고 들어온 앞개가 있다. 물목이 2백보가 채 안 되는 바위목을 지나 무려 4개 리냉정리, 식여리, 석포리, 안락리에 접안하고 있는 호수와도 같은 바다는 썰물 때가 되면 그 옛날 용이 승천하였다는 커다란 웅덩이의 모습으로 나타나곤 한다.

규사硅砂가 깔려 있는 순위도 백사장은 그 옛날 임금님들의 유람지로 유명하다고 전해지며 해안가에 붉게 핀 해당화는 주변의 정취를 잘 드러내고 있다. 순위도의 중심처인 예나루는 아홉 개의 자연 부락으로 구성되어 있는데, 부락 명칭이 긴오리, 수오리, 마당오리 등인 것으로 보아 물오리의 터전이었음을 짐작케 한다.

봉강리라는 마을 명칭을 지어내게 한 봉이산은 조선시대 중요 통신 체계인 봉수망을 의주에서 서해안을 따라 한양으로 연결시켜 주던 추치推峙봉수대가 있던 곳이다. 이곳에는 유명한 샘물이 솟아났는데, 이곳은 전국의 여러 봉수대에서 근무하던 봉수군이 근무를 자원할 정도로 명소였다고 한다. 순위도는 1954년 황해남도 강령군 순위리로 고쳐졌는데, 이전의 례진리하3리 창암리상3리를 통폐합한 것이다.

용호도龍湖島와 어화도漁化島

일제 말기 옹진군 농남면에 속해 있던 용호도龍湖島는 순위도와 마찬가지로 2개 리를 두고 있던 큰 섬으로, 서쪽으로 어화도漁化島 등 무인도의 작은 섬들이 둘러 싸인 천연의 요새였다. 그리고 섬 가까이까지 수심이 매우 깊어 대형 선박이 드나들 수 있을 정도의 항만을 갖추고 있었다. 서해 바다에 호수가 있는 섬마을이라 하여, 용호도라 불려졌다. 용호도는 하루목지, 아레끄테, 웃끄테, 미니구석, 용호도리의 다섯 마을로 구성되어 있는데 1952년에 옹진군 용호도리가 되었다.

어화도의 서편 해안선 약 2km에 달하는 백사장에는 해당화와 백토 위에 우뚝 솟은 바위들이 경관을 한층 돋보이게 하였다. 섬에는 서름몰, 꽃바위, 염소머리, 큰우물, 다지라이, 한정골, 장수벌, 비압도의 8개 부락을 두고 있었다.

어화도는 동북쪽으로 창린도, 남쪽으로 순위도가 가로 놓인 중간에 자리하고 있다. 옹진만과 강령만 북면의 수동만에서 흘러나오는 담수가 어화도를 중심으로 해수와 합류되기 때문에 맛과 질이 우수한 해태海苔를 생산할 수 있는 천혜의 조건을 갖춘 어장을 이루고 있다.

어화도는 6·25 전란기에 313가구 전원이 이주 피난을 해 온 섬이기도 한데, 1952년 옹진군 어화도리로 있다가 1954년 강령군으로 속해 오늘에 이르고 있다.

비압도飛鴨島와 무도茂島

밤이면 중국땅 산동성의 닭 울음 소리가 들린다는 말이 있을 정도로 멀리 떨어져 있는 고도孤島인 비압도飛鴨島는 주위가 암벽으로 형성되어 수심이 깊으며 어종이 풍부하고 어획량도 좋은 편이다. 그러나 생활용수가 여의치 않아 가구 수를 18가구로 제한하는 불문율이 지켜져 오고 있는 곳이다. 최근에는 중국 어선들의 불법 어획에 따라 이 섬의 위치가 매우 중시되고 있다.

이밖에 '거쳤', '거치엄'이라고 속칭되는 무도茂島는 예전에는 봉구면에 속해 있었다. 부속도로 일명 통수애라는 파도巴島가 있고 미내기미락, 검바위 등의 자연부락이 있다. 무도는 옹진군 구주면에 속해 있었는데 풀이 무성한 섬이라는 데서 무도라 칭해졌으며, 1952년 강령군 평화리에 통합되어 오늘에 이르고 있다.

활발한 어로 활동 때문에 부자 섬마을이라 속칭될 정도로 섬 사람들은 풍족하게 지냈다. 이곳의 살터일명 왼돌는 어장으로 유명하다. 왜냐하면 해와 달이 곁들어지는 인력引力 작용으로 바닷물이 항상 같은 방향으로 흐르기 때문에 다른 살터와는 달리 고기가 사시사철 잘 잡혀 연중 내내 풍어를 구가할 수 있기 때문이었다.

육도리六島里라는 육섬도 무도와 함께 봉구면 평양리 남쪽 앞바다에 위치해 있으며 여기서 남쪽으로 대략 23km쯤 거리에 연평도가 위치해 있다.

옹진군 송림면에는 육도를 비롯하여 소수압小睡鴨, 대수압大睡鴨, 소연평小延坪, 연평도延坪島 등 4개의 도서가 리里로 있었다. 그런데 38선이 획정되면서 송림면이 남북으로 쪼개졌고, 휴전 이후에는 연평도만이 남한에 속하게 되었다. 여섯 개의 섬으로 이루어진 섬이라 하여 육도六島라 하였으며, 무도와 마찬가지로 1952년 강령군 평화리에 통합되었다.

연평도延坪島

행정구역상 경기도 옹진군 송림면에 속한 섬으로, 인천에서 서북동쪽으로 약 122km 떨어져 있다. 대안인 황해도 해주까지는 37km, 북방한계선으로부터는 3.4km 이남에 위치하고 있는 해중도서海中島嶼로 대연평도, 소연평도, 당도, 가지도 등 30개의 유무인도로 구성되어 있다. 대연평도 남쪽으로 약 5.2km 떨어진 지점에는 소연평도가 자리하고 있다.

위도상 동경 125도 43분, 북위 37도 40분에 위치하며 면적은 7.28km^{2}에 해안선 길이는 24.3km이며, 2009년 12월 기준으로 932세대 1,780명으로 6개리 30개반이다.**중앙일보 2010년 11월 24일자 보도** 전체적으로 삼각형의 저평형低平衡 구릉성丘陵性 산지로 되어 있으며, 가장 높은 산은 해발 127m이다.

해안은 주로 암석해안으로 대륙붕이 발달되어 있고 수심은 낮은 편이다. 연안에는 뻘, 암석, 뻘모래사장, 조개껍질 등이 섞여 있으며 간석지가 넓게 분포해 있다. 1월 평균 기온은 영하 섭씨 4℃, 8월의 평균 기온은 섭씨 25℃이며, 연평균 강우량은 255㎜이다. 근해의 만조시에는 북으로 2.4~3kts, 간조시는 남으로 2.4~2.6kts의 조류가 흐르고 있다.

한때 연평도 어장에서는 새우가 많이 잡혀 파시波市가 형성되었으며, 6~8월에는 전국 각처에서 어선이 모여들어 대성황을 이루었다. 절기에 따라 젓갈 명칭이 다른데 유월에 잡는 백하白鰕를 '육젓'이라 하였고, 8월에 잡는 것은 '추秋젓'이라 하였다.

잡아 올린 새우를 현지에서 바로 배를 통째로 팔기도 하고, 탱크나 드럼통에 소금을 쳐서 저장하였다가 김장철에 판매하여 많은 소득을 올리기도 하였다. 특히 새우를 가마솥에 쪄서 말린 건하乾鰕는 중국으로도 수출하였다.

그런가 하면 한때 제1의 조기어장으로, 매년 4월에는 조기 어획량이 많아 파시波市가 형성되기도 하였다. 이밖에 새우, 병어, 농어, 홍어 등의 고급 어종이 서식하고 있으며 김, 굴 양식에 꽃게도 많이 잡혔다. 최근에 벌어진 연평해전을 일명 꽃게전쟁이라 할 정도로 꽃게가 풍부한 어장이다.

특히 이 지역에 서식하는 꽃게는 산란기인 7~8월이 다가오면 산란을 위해 5~6월에 해안지역으로 이동한다. 이들 꽃게 무리의 이동 골목이 바로 연평도 근해이다. 이 꽃게는 산란기 직전이 가장 상품가치가 높아 이를 어획하고자 중국 어선의 불법 남획까지도 자행되고 있다. 예컨대 1999년 6월 15일 연평해전 발발 시 꽃게의 가격은 알을 밴 암컷이 1kg당 1만5천 원에서 2만 원을 호가하였고 수컷은 8천 원에서 1만 원까지 거래되었다. 이러한 꽃게 가격은 국내산보다 북한산이 약 5천 원 정도 저렴하였다. 1998년 연평도 어선 54척의 연간 소득이 약 93억 원이었고, 2000년에는 120억 원을 상회할 정도였다.

연평도에는 되진물, 가운덴몰, 소상개, 새마을, 소연평 등의 자연부락이 있었다. 위의 여러 도서들은 1909년 지방행정구역 개편 시 육도를 4리로 소수압도를 5리로 대수압도를 6리로 소연평도와 연평도를 7리로 명명하였다. 광복 이후 38선 이남에 남게 된 지역은 옹진군에 편입되고 연평도만이 유일하게 송림면의 명맥을 유지해 오고 있다.

연평도 인근의 완충구역을 포함한 작전해역은 연평도 서남방에 위치하여, 북으로는 등산곶 구월봉 부포리 등이 있는데, 등산곶으로부터 북방한계선까지는 5.5km에 불과하다. 완충구역은 가로 약 20km, 세로 약 10km 정도 밖에 되지 않는다.

여기에다 남쪽으로는 어로저지선 조업구역이 있는데 5~6월인 어로 활동기에는 수많은 어망이 산재해 있어 해역에 함정이 기동하는 데 많은 위험과 제약이 뒤따라 기동 공간도 매우 협소한 편이다.

반면 북한쪽은 대안의 구월봉에 레이더를 설치하고 있으며 등산곶에는 사정거리 95km인 Silk Worm 지대함 유도탄 기지를 두고 있다. 등산곶, 구월봉, 개머리 등에는 100mm와 76mm 등의 해안포가 있어 아군측 작전해역은 항시 적의 해안포, 지대함 유도탄 사정권 내에 있어 긴장과 불안감이 조성되고 있다. 북한측 서해 해군의 8전대는 유도탄정 어뢰정을 포함해 약 80여 척의 함정을 보유하고 있어 만만치 않은 전력을 과시하고 있다. 이러한 전력 외에 태탄, 곡산, 과일, 황주, 온천 등지에 공군기지가 있다. 작전해역까지는 2~6분 거리에 불과해 신속한 작전지원을 할 수도 있다.

섬에는 선사시대부터 사람이 살아온 흔적으로 패총과 무문토기, 빗살무늬토기 등의 유물이 발견되고 있다. 조선 인조 때에는 임경업 장군이 청에 볼모로 잡혀갔던 소현세자를 구하러 가는 길에 식량과 물을 얻기 위해 이곳에 들렀다가 조기를 발견한 것이 조기잡이의 시원이 되었다고 전해지며 선창 뒷산에 장군을 기리는 사당이 있다.[53]

---

53) 한국지명요람, 건설부국립지리원, 1983.

소수압도小睡鴨島와 대수압도大睡鴨島

　소수압도小睡鴨島는 육지와 약 25km 떨어져 있고 여기서 남쪽으로 2km 거리에 대수압도大睡鴨島가 있다. 대수압도는 소수압도 보다는 약간 큰 섬으로 넓이가 0.28㎢ 가량 되며 가장 높은 고지대가 83.4m이다. 주택지 이외에는 모두 초지草地이나 구릉지에 약간의 밭이 있다. 대수압도에는 서각끼미, 큰몰, 대동터, 서장골, 가리재뿌리, 낭끝 등의 자연부락이 있으며, 소수압도에는 긴자술깊은기미, 앞골, 당재, 둔님에 등의 마을이 있다. 수압도는 바다에 떠있는 물오리처럼 생긴 섬이라 하여 수압水鴨이라는 명칭을 얻게 되었다. 1.4 후퇴 당시 소연평도, 연평도, 소수압도, 대수압도는 수많은 난민들이 모여들어 고난을 겪은 곳이다.

　육지에서 8km 거리에 위치한 대수압도와 소수압도에는 유격대원들이 적지를 드나들며 첩보활동을 활발히 전개한 곳으로, 적지 않은 성과를 올리기도 하였다. 1952년 1월 20일 21시경에는 인민군 1개 중대의 병력이 소수압도를 기습해 우리측 유격부대를 와해시키고 탄약과 식량들을 탈취해 갔다.

　그러나 다음날 새벽 미해군 함재기의 공습과 연평도 근해에 정박하고 있던 해군의 함포사격으로 섬은 순식간에 초토화되었다. 잔류하였던 북한군은 철수하였으나 피란민들은 아픈 상처를 안고 섬을 떠나게 되었다. 휴전 후 소수압도와 대수압도는 북한측으로 넘어갔으며, 행정구역상 1952년까지 벽성군 송림면에 속해 있다가 1954년 강령군 수압리가 되었다.

저도楮島 : 닥섬와 석도席島

옹진군 봉구면 도회리에 무추지茂秋池 마을이 있었는데, 이곳 무추지 해안에서 4.5km 가량 떨어진 바다쪽에 닥섬楮島이 있다. 이 섬은 사리 때에는 밀물이 많이 들어오고 조금인 썰물기 간조 시에는 걸어서 섬을 드나들 수 있었다. 한 달에 두 번은 배를 이용하지 않고 도보로 출입이 가능하며 상주 인구는 10세대 정도며 행정구역상 도화리에 속해 있었다.

이밖에도 서해상에는 압록강 하류에 위치한 신도열도, 신미도 등을 비롯해 이들 섬 남쪽으로 소화도, 접도, 저도, 위도, 신도, 주도, 석도, 피도, 취라도, 웅도, 청양도, 대화도 등이 남으로 이어져 있다. 황해도 인근 해안만 하여도 오늘날 청단군에 속해 있는 구월리 섬미섬, 풍년섬, 영산리의 거북섬, 제미도, 용매도 등 유무인도가 무수하게 산재해 있다.

이러한 도서들은 전쟁기간 중 주요한 작전기지가 되어 쟁탈, 방어를 위한 크고 작은 전투가 끊이지 않은 곳이었다. 예컨대 휴전회담이 열리고 있던 기간인 1952년 10월 20일경 해안경비가 강화되면서 인민군 철도경비사단 예하 제21여단 1개 대대의 경계부대가 서해안선일대의 방어임무를 담당하며 후방에 병력을 집결시켜, 숫적으로 증대되었다. 1952년 8월 초순경에는 미고문관 죠지 램 대위의 협조와 미 해공군의 지원으로 게릴라전을 개시하게 되었다.

후방의 적을 해안선에 유도해 적을 공격, 3~4시간에 걸친 교전 끝에 적을 궤멸시켰다. 간조 시 해상에 분산, 포진케 한 후 적의 병력이 집결하여 노출되면 직사포로 응사하는 반면에 미함재기 16

대와 함포 공격으로 집결지에 집중 포격을 가하는 작전을 펴 커다란 성과를 거두게 하는 작적이었다.

실예로 저미도 작전에서 적의 트럭 12대에 시체를 만재하고 퇴각케 하였는데 이 작전의 일환으로 일부 게릴라 대원은 민간으로 위장하고 탐색을 나갔는데, 벽성군 일신면 광전리와 생왕리 주재소 인근 뒷군논을 사이에 두고 잔류 내무서원이 논두렁을 이용하여 진격해 옴에 이들을 격퇴하고 주력 부대를 여유롭게 철수할 수 있게 하는 등의 전과를 올린 바 있기도 하다.[54]

---

54) 北韓硏究所篇北韓民主統一運動史 -황해도편- Ⅶ. 6·25戰爭中의 武裝鬪爭 1990, p. 625. 및 Billy C. Mossman, Ebb and Flow, November 1950 July~1951 (Washington, DC): U.S. Government Printing Office, 1990, p. 53.

chapter 07

휴전협정 이후 NLL 해상에서의 위반 사례

    1954년 중립국감시위원단 중 적성 국가인 폴란드, 체코슬로바키아 대표들은 1953년 7월 31일부터 스위스, 스웨덴 대표들과 함께 인천·대구·부산·강릉·군산의 5개 지역에 분산 주둔하면서 정전협정 제42항 및 제43항의 규정에 의한 각 지역 감시소조로 동 협정 제13항 (다), (라) 및 제28항에 규정된 임무를 수행하는 것이 주임무였다. 그러나 이들은 소련 및 중공의 의도된 흉계에 의하여 소련의 고급장교를 폴란드 군인으로 위장하여 정전감시위원단으로 침투시켰다. 중립국감시위원이라는 합법적인 미명하에 국내 유엔군과 한국군의 군사기밀을 탐지하고 군시설을 불법 촬영하거나 한국민과 자유진영 우방국과의 이간을 조장하는 등 무려 200여 건에 달하는 간첩 행위를 자행하였다. 그 이후 북한측은 지상에서 수많은 휴전협정 위반 사례를 저질렀다. 이 중 해상에서의 불법 위반 사례만을 열거하면 다음과 같다.55)

---

55) 宋孝淳, 北傀挑發三十年, 北韓硏究所 出版部, 1978, pp. 292~293.

날짜	내 용	출 처
1955년 5월 10일	연평도를 중심으로 북한측은 16시 30분에서 17시 30분 사이에 조기잡기 어선에 포격을 가해 피해를 입혔다. 포격은 금삼리 후렵동 지대에 75mm~105mm포로 장재도·갈도무도·대수압도·닥섬 지대로 경기 중기 소총 등으로 공격하였으며, 870여발을 발사하였다.	宋孝淳, 北傀挑發三十年, 北韓研究所 出版部, 1978, p. 299
1956년 11월	황해도 장연군 해봉면 몽금리 거주자가 덕적도에 잠입한 후 수차에 걸쳐 북한을 왕래, 간첩활동을 하면서 수송 연락 책임을 수행하였다.	上揭書, p. 311
1956년 11월 7일	서해안을 비행 중이던 공군 연습기 2대가 북한측 제트기의 공격으로 1대가 불시착, 1대는 행방불명되었다.	上揭書, p. 312
1957년 4월 16일	18시경 어로 작업선이 연평도 근처에서 북한측에 의해 납치되었다.	上揭書, p. 313
1957년 5월 14일	옹진반도와 해주만 근해에 병력과 무장 경비선을 집결시켜 연평도 근해의 고기잡이 배들에 위협을 가했다.	上揭書, p. 313~314
1957년 7월 24일	연평도 서남방 약 15마일 근해에서 **150마력 디젤 기관선이 15노트 속력의 20톤 가량** 북한측 간첩선과 교전하여 격침시키고 2명을 생포하였다.	上揭書, p. 316~317
1957년 11월 9일	휴전선 인근 거진 앞바다 해상 12마일 지점에서 명태잡이 어선 16척이 납치당하였는데, 이 가운데 어성호 1척은 탈출하였다.	上揭書 p. 324
1958년 2월 16일	KNA여객기에 탄 국회의원 1명 미군장교 및 승무원 3명을 포함한 총 28명이 납북당하였다. 휴전 후 최초의 항공기 납북 사건이 발생한 것이다.	上揭書 pp. 328~329
1958년 3월 6일	북한측의 지상포화를 받아 미공군기 F-86제트기가 추락하였다. 11일간 억류 후 17일까지	上揭書, pp. 329~330

날짜	내 용	출 처
	고성에 구금된 후 귀환하였다.	
1958년 4월 10일	상오 공군소속 C-46수송기 납치 기도 사건이 발생하였다.	上揭書, p. 330
1958년 4월 29일	연평도 근해 어로 중이던 다복호를 납치하였으며, 승무원도 학살당하였다.	上揭書, p. 339
1958년 8월 9일	서해 격열비열도 인근 해상에서 북한군이 어물과 금품을 강탈한 뒤 도주하였다.	위와 같은 책
1958년 9월 8일	강원도 임원리 동쪽 20마일 해상 북위 37도 30분 동경 130도 3분 울릉도와 임원리 중간 지점에서 적과 접전하여 간첩 2명을 사살, 4명을 생포하였다.	위와 같은 책, p. 341
1958년 10월 15일	서해안 간첩선을 나포하여 3명을 사살, 1명 생포하였다.	위와 같은 책, 같은 쪽
1958년 11월 7일	동해 고성 앞바다에서 명태잡이 어선 금극호, 신성호가 납치당하였다.	위와 같은 책, p. 345
1958년 11월 25일	한국함대 소속 71함이 간첩 승무원 6명 중 3명을 사살하고 2명을 생포하였다.	위와 같은 책, p. 346
1958년 12월 6일	동해안 고성 앞바다에서 우리 어선 창성호를 비롯 6척 36명이 고성군 현내면 대진리 앞 휴전선 근처에서 북한측의 어선 3척에 포위 당한 후 행방불명되었다.	위와 같은 책, p. 350
1959년 1월 30일	동해안 고성 북방과 서해안 해주 북방에 간첩 공작선 60여 척을 집결시켰다. 이 배들은 남한에서 납치해 간 어선들로 위장하였으며, 20 노트 이상 속력으로 중무장하여 한달에 평균 2회 왕래하며 간첩을 밀파하고, 그 수를 늘리고 있다고 한다.	위와 같은 책, 같은 쪽
1959년 4월 2일	인천 앞바다 서해상에서 3차의 교전 끝에 2명 사살, 소지한 무기류는 노획하였다.	위와 같은 책, p. 351

날짜	내 용	출 처
1959년 5월 7일	어로저지선으로 남하하는 3척의 간첩선을 우리 해군 55함이 추격, 그 중 북한측 간첩선 2척이 우리 어선 1척을 나포 기도하다 도주하였다.	위와 같은 책, p. 352
1959년 8월 8일	휴전선 인근에서 새우잡이 어선 7척을 습격하여 강제 납치해 갔다.	위와 같은 책, p. 352
1959년 7월 30일	경기도 부천군 북도를 출항한 대창호 외 6척이 용매도 앞바다에서 새우잡이를 위해 체류 중 우리 어선 대창호·창성호·산길호 등 7척 19명을 강제 납치해 갔다.	위와 같은 책, p. 356
1959년 11월 13~14일	계속해 동해상에서 명태잡이 어선을 납치해 갔다. 어로저지선 근방 남쪽 해상에서 조업 중이던 18톤의 용진호**선원 6명** 20톤의 신영호**선원 6명** 홍신호**선원 6명 -14일 오후**가 납치당하였다.	위와 같은 책, p. 361
1959년 11월 26일	서해 어로저지선 부근에서 도주하는 간첩선을 격추하여 2명을 사살, 4명을 생포하였다. ※ 장전항 간첩호송선 실정. 1958년 당시 길이 5~6m의 보통 운반선형으로 승선 인원 수십 명에 대낮에 항구를 출발 상륙지점 부근 해상에서 호송선을 정박케 하고, 간첩은 안내원 2명과 함께 고무보트에 승선 상륙케 하였다. 선원은 선장 1명, 기관장 1명, 안내원 2명, 간첩 1명으로 총 5명이었다. 1960년에 들어오면서 1척의 신형 호송선에 길이 2m 남짓의 소형선박 승선원, 안내원, 간첩 등 인원이 3~4명으로 줄고 속도는 이전보다 2배나 빨라졌다.	위와 같은 책, p. 367
1960년 5월 14일	동해를 경비 중이던 구축함[PF] 66함이 6시 30분경 북한측 해군어뢰정[PT] 3척으로부터 공격을 받았다. 해상경비 경계선 남방 22마일	위와 같은 책, pp. 372~373

날짜	내 용	출 처
	북위 38도 30분 동경 128도 41분 40초 지점에서 짙은 안개를 이용해 남하한 북한측 어뢰정 3척이 우리 함정을 포위, 접근한 후 2차에 걸쳐 40mm 기관포, 5발의 어뢰를 발사하는 공격을 가하였다. 이후 1959년 12월 21일에 책정한 해안경계 경비선을 3마일 남쪽으로 당겼다.	
1960년 7월 30일	북위 38도 28분 동경 128도 33분 거진 동방 4마일 지점 해상에서 동해 휴전선 남방에 북한측 함정 1척이 5천 야드까지 접근하여 우리측에 4명의 중경상자를 나게 하였다. 우리측은 이에 반격 7시 40분경에 북한측 함정을 격침시켰다. 생존자 2명을 생포하였는데, 동년 8월 8일 상오 유엔사령부에서 생포자들이 귀환의사를 밝힘에 동일 상오 11시 판문점으로 정식 인계하였다.	위와 같은 책, pp. 374~375
1960년 8월 3일	북한측 쾌속경비함정이 우리측 기범선 1척과 이 배에 딸린 범선 1척을 납치, 용매도 방면으로 사라진 후 약 30분이 지난 뒤 다시 사고해상에 나타나 기범선 2척을 재차 강제로 납치해 갔다.	위와 같은 책, p. 375
1960년 10월 14일	서산군 소원면 파도리 앞 해상에서 해군 휴전선 경비정이 간첩선을 격침하여 1명을 생포, 3명을 사살하였다.	위와 같은 책, p. 378
1960년 12월 19일	인천 서북방 순위도 남방을 경비 중이던 해군 603정이 여러 척의 무장선을 발견하여 1척 나포, 18명의 간첩을 체포하였다.	위와 같은 책, p. 380
1961년 3월 14일	우리 해군함정 LSM 613정은 백령도 동북방 2.5마일 부근에서 해상을 경비 중이던 월내도 해안포대로부터 60여 발의 포격을 받았다.	위와 같은 책, p. 381

날짜	내용	출처
1961년 4월 7일	동해안 휴전선 남방 대진리 앞바다에 대형 전투함정 2척의 호위를 받은 북한측 어뢰정 6척이 남하, 경비 중이던 우리 해군과 40분 동안 교전 후 어선 6척과 선원 43명을 납치하여 휴전선 북방으로 도주하였다.	위와 같은 책, pp. 382~383
1961년 4월 12일	동해안 거진 앞바다에 북한측 어뢰정 6척이 휴전선을 넘어 와 포격전 끝에 격퇴하였다.	위와 같은 책, p. 383
1961년 9월 9일	북한측은 휴전선 남방 연평도 부근 해상에 침투하려다 유엔 소해정에 의해 발각, 교전 끝에 침몰당하였다. 이에 1961년 9월 16일 상오 판문점에서 열린 제145차 정전회담에서 유엔측 수석대표 와렌 소장이 이 사건은 명백한 정전협정 위반이라고 지적하고 북한측에 위반 행위에 관해 조사 처벌할 것과 적대 행위의 항구적인 방지 및 조사 결과와 처벌 결과를 정전 본회의에 보고할 것 등을 요구하였다. 북한측은 간단하게 조사하겠다고만 답변, 시종 무성의한 태도를 보였다. 와렌 소장은 북한측이 금년 5월부터 8월까지 4회에 걸쳐 휴전협정 위반 행위를 감행해 왔다고 비난, 유엔측 조사 요구에 대해 답변해 줄 것을 본회의에 요구하였다.	위와 같은 책, p. 399
1961년 11월 21일	북한군이 한강 하구에서 2차에 걸쳐 유엔측 경비정에 불법적인 사격을 가한데 대해 엄중 항의하고 이에 따른 자위적인 조치를 취한데 대해 유엔군사령부는 책임질 수 없다고 경고하였다. 또한 길소장은 동년 7월 14일 강제 납북된 이래 4개월이 넘도록 억류되어 있는 우자원 중위, 이금석 중사, 박기찬 상등병, 최재하 상등병 등 4명의 가족들이 진정해 온 사실을 알리면서 이들의 송환을 다시 한번 강경하게 요구하였다.	위와 같은 책, p. 402

날짜	내 용	출 처
1962년 12월 23일	연평도 근해에 북한측 함정 2척이 나타나 우리 해군 경비정에 발포하여 전사 1명, 중상 2명, 기타 경상의 피해를 입었다.	위와 같은 책, p. 407
1963년 7월 30일	북한측 간첩이 임진강을 넘어 휴전선 남쪽 깊숙이 10km나 남하하였다. 파주군 임진면 당동 2리에 북한측 무장간첩이 잠입해 온 것을 주민의 신고로 모두 사살하였다.	위와 같은 책, pp. 409~410
1964년 1월 6일	휴전선 남방 백령도 서해 해상에서 어로 중이던 어선 2척에 북한측이 무차별 사격을 가하였다. 22시경 회령호는 침몰되고 1척은 구조되어 인천항으로 예인되었다.	위와 같은 책, p. 412
1964년 3월 20일	조기잡이 제1 제2 보성호각 70톤급가 백령도 근해에서 어로작업을 하고 인천항으로 돌아오던 중 북한측 224호 경비정에 의해 26명이 납치당하였다.	위와 같은 책, p. 412
1964년 11월 14일	훈련 비행중이던 제10전투비행단 소속 F.86D. 전천후 요격 전투기 1대가 서부 휴전선 부근 상공에서 북한측의 불법적인 대공포화로 판문점 북쪽 지역에 추락하였다. 이 사건을 통해 휴전선 일대에 대공유도탄을 배치한 것이 확인되었다. 이는 정전협정을 위반한 무기 도입은 물론, 러시아에서 AA9대공유도탄을 반입한 것으로 보여진다.	위와 같은 책, pp. 418~419
1965년 10월 29일	서해에서 조개잡이 어선 5척 중 3척이 강화군 서도면 말도리에 표류하다가, 연백군 해성면 어로 저지선 부근에서 무장병 20여 명의 습격을 받아 어부 109명과 함께 북한측 경비정에 억류되었다.	위와 같은 책, p. 423
1966년 1월 2일	서해 격열비열도 서북방 80마일 근해 동경 122도 45분 북위 37도 10분에서 무장 중국선	위와 같은 책, pp. 423~424

날짜	내 용	출 처
	에 의해 어선 길용호와 선원 14명이 납치당하였다.	
1966년 7월 29일	동해 휴전선 남쪽 4마일 가량되는 저진에서 7마일 떨어진 해상 북위 38도 33분 동경 128도 33분에서 100톤급 북한측 무장선박이 남하하여 어로 중인 우리 어선에 접근하여 기관포 사격을 가해왔으나 격퇴시켰다.	위와 같은 책, p. 426
1966년 10월 10일	동해 경비 전투구축함 91함정이 울릉도 북방 휴전선 남쪽 북위 38도 30분 동경 130도 10분 해상에서 북한측 40톤 가량의 고속정과 응전, 격침시켰다.	위와 같은 책, p. 428
1966년 11월 29일	동해 휴전선 부근에서 명태잡이 중이던 우리측 어선 30여 척이 4척의 북한측 함정의 기습을 받고 10톤급 복성호가 납북되었다. 이 배에는 8명의 어부가 타고 있었다.	위와 같은 책, p. 429
1967년 1월 19일	동해 휴전선 근해에서 명태잡이 어선을 보호 중이던 동해경비분대 소속 PCE56함^{76명 승선}이 북한측 육상포대로부터 약 20여 분에 걸쳐 200여 발의 집중 포격을 받아 피격, 침몰당하였다. 상기 56함이 수원단 동쪽 6마일 해상에 북한측 PBL 2척을 발견하였다. 이들은 당시 어로저지선과 해상 휴전선을 넘어 고기떼를 따라 조업 중이던 우리측 어선 70여 척을 납북 기도하였다. 이에 우리측 어선들을 남하시키고자 수원단 남동 4, 5마일 되는 해상에 이르렀을 때, 북한측 해안동굴 진지 포대로부터 200여 발의 적탄 포화에 상기 56함은 선체에 명중되어 북위 38도 39분 45초 동경 128도 26분 47초 해상에 침몰하였다.	위와 같은 책, p. 430

날짜	내 용	출 처
1967년 4월 17일	서산 앞바다 격열비열도 근해 영해상에서 50톤급 30노트 북한측 간첩선 1척이 북상하는 것을 발견, 해공합동작전으로 이날 9시 20분경 복덕도 서북방 6마일 지점에서 격침시켰다. 적 15명 중 9명은 행방불명되었으며, 표류 중이던 6명은 인양, 이 가운데 1명은 도중에 죽고 5명은 부상을 입었다.	위와 같은 책, pp. 433~434
1967년 5월 27일	서해 조기잡이 보호작전 중인 해군 함정 10척에 북한측 연안포대가 포격을 가해옴에 약 20분간 교전하였다.	위와 같은 책, p. 435
1967년 5월 28일	연평도 근해에서 조업 중인 우리측 어선 100여 척을 포위 납북하려함에 어부 4명이 사망하고 6명이 부상당하였다. 등산곶에 기지를 둔 북한측 60여 척의 무장선단은 이날 14시 30분경 연평도 서북방 독돌 앞바다에서 조업 중이던 100여 척의 우리 어선을 북한측이 포위해옴에 따라 19톤급의 창성호와 영풍호가 포위당하였다. 이보다 앞서 대영호 광명3호 등도 총격을 받아 사망자가 발생했으며, 선체가 크게 파손당하였다.	위와 같은 책, pp. 435~436
1967년 9월 20일	동해안 휴전선 부근인 포혜진 앞 바다에서 어로활동 중이던 대성호가 북한측 해안포대의 50mm 로켓포탄사격을 받아 선장이 중상을 입고 선체는 크게 파손되었다.	위와 같은 책, p. 445
1967년 11월 3일	동해 어로저지선 근해상에서 조업 중이던 명태잡이 어선 200여 척을 향해 북한측이 대형 함정 2척, 쾌속정 7척을 동원하여 40분간 기관포와 다발총을 난사하며 기습하여, 14톤급의 우리 어선 해양호 등 10척과 어부 60명을 납북해갔다.	위와 같은 책, p. 446

날짜	내 용	출 처
1967년 11월 11일	동해 어로저지선 근해에서 조업 중이던 명태잡이 200여 척의 어선을 북한측 함정 1척과 쾌속정 3척이 기관포를 난사하면서 거진항 소속 5톤급의 금성호와 어부 6명을 납치해 갔다.	위와 같은 책, p. 447
1967년 12월 5일	두 차례에 걸쳐 고성군 현내면 송암진 앞바다 100m 해상인 남방한계선 100m에서 명태잡이와 해초를 따던 어선 50여 척이 북한측 해안포대와 3척의 함정으로부터 집중 포화를 받아 어부 3명이 사망, 3명이 실종, 9명이 중상을 입는 사건이 발생했다.	위와 같은 책, p. 448
1967년 12월 25일	동해 어로저지선 명태잡이 어선 5척과 어부 30명이 북한측 함정에 납북되어 갔다. 북한측의 대형함정 3척, 소형쾌속정 4척이 출현해 쇠갈퀴가 달린 로우프를 우리 어선에 던져 쇠갈퀴에 걸린 어선을 그대로 끌고 갔다.	위와 같은 책, p. 449
1968년 1월 23일	동해 공해상에서 미해군 정보수집보조함 푸에블로호 승무원 83명이 북위 39도 25분 동경 127도 54.3분 북한 해안 40km 떨어진 지점인 공해상에서 북한측 초계정의 첫 도전을 받으면서 나포당하였다. 북한측은 나포 지점을 미해군측과 달리 북위 39도 17분 동경 121도 46분이라고 주장하였다.	위와 같은 책, pp. 454~455
1968년 6월 17일	연평도 서쪽 5~10마일 근해에서 고기잡이 중이던 양성호, 순복호, 금용호, 세창호, 축복호 등 5척의 어선이 어부 44명을 태운채 북한측에 의해 납치되었다.	위와 같은 책, p. 460
1968년 11월 7일	동해 어로저지선 근해에서 명태잡이를 하던 200여 척 가운데 중형 저인망 어선인 33톤급의 준 호(號)를 비롯해 여타 4척의 어선과 어부 32명이 북한측 쾌속정에 포위를 당해 납치되었다.	위와 같은 책, p. 479

날짜	내용	출처
1968년 11월 9일	동해 어로저지선 수원단에서 명태잡이 어선 200여 척에 북한측 4척의 쾌속정이 나타나 기관총을 난사하면서 포위, 1차로 2척을, 후에 5척을, 모두 7척을 나포해 갔다.	위와 같은 책, pp. 479~480
1968년 10월 30일~ 11월 3일	3차에 걸쳐 15명을 1개조로 한 124군부대의 간첩 8개조 120명이 경북 울진군과 강원도 삼척에 침투하였다.	위와 같은 책,
1969년 3월 15일	비무장지대 군사분계선 남쪽에서 유엔군 사령부 명령에 따라 군사분계선MDL 표지판을 갈아 달던 미군 17명에게 총격을 가해 사상자를 냈다. 이같은 불법 총격은 동년 3월 11일, 13일 같은 미2사단 관할 DMZ 내에 있었던 세 번째의 사건이었다. 유엔군측은 동년 3월 12일 이미 정전협정 규정에 따라 북한측에 표지판 교체작업을 통지해 놓았기 때문에 안심하고 콘크리트 기둥으로 된 표지판을 갈아 끼우던 중 돌연 총격을 받았으며, 이후 2시간 여의 총격전이 벌어졌다. 이때 헬기가 파주군 적성면 자장리 임진강 북쪽 고랑포 부근 비무장지대로 추락하였으며, 불탄 기체를 검사하고 추락 원인을 조사하였다.	위와 같은 책, p. 488
1969년 12월 11일	강릉발 서울행 대한항공 소속 YS-11기가 대관령 상공으로 향하던 중 납북되어 강압적으로 항로를 변경하게 되었는데, 승객 47명이 탑승해 있었다.	위와 같은 책, p. 503
1970년 4월 3일	서해 격열비열도 서남방 해상 1마일군산 서북방 60마일에 침투해 오는 간첩선이 이 섬 서북방 10마일 지점에서 격침되었다.	위와 같은 책, p. 509
1970년 6월 5일	연평도 근해에서 우리 해군 방송선 1척이 납북당하였다.	위와 같은 책, p. 513

날짜	내용	출처
1970년 7월 9일	백령도 두무진 서남방 7마일 어로저지선 남방 해상에서 조업하던 9.5톤급 어신호 등 5척과 선원 29명이 북한측 경비정 3척의 총격을 받고 납북되었다.	위와 같은 책, p. 515
1970년 8월 30일	북위 38도 31분 50초 지점인 속초항 동북방 70마일 군사분계선 해역에서 우리측이 북한측 쾌속정에 의해 납북되어 가던 탁성호를 발견하여 구출 작전을 전개하여 분계선 남북에서 양측 함정이 대치하였다.	위와 같은 책, p. 516
1970년 11월 9일	강화도 남쪽 해역을 지나 11월 8일 새벽 0시 8분 율도에 상륙하려다 1명이 사살되고 1명이 생포되었다.	위와 같은 책, p. 520.
1970년 12월 3일	북한측 공군 824군부대 1중대 소속 소련제 미그 15전투기가 휴전선을 넘어 간성 북 5km 지점인 고성군 거진면 송죽리 앞 바다에 착륙하여 귀순하였다.	위와 같은 책, p. 520
1971년 1월 23일	승객 55명과 승무원 5명을 태운 KAL기 F27이 이륙 30분만에 북측에 의해 납치되었으나 실패하고 범인은 자폭하였다.	위와 같은 책, p. 521
1971년 5월 4일	북한측 소형 공작선이 인천항으로 침투해 오는 것을 발견하여 격퇴하였다.	위와 같은 책, pp. 527~528
1971년 5월 14일	동해안 묵호 해상으로 침투 기도한 간첩선을 격파하였다.	위와 같은 책, p. 528
1971년 8월 18일	강화도에 침투한 무장공비 2명을 수색하여 사살하였다.	위와 같은 책, p. 531
1972년 2월 4일	어로저지선 남방 서해안 대청도 40마일 공해상에서 어로 중이던 우리 어선 삼양호 등 10여 척을 향해 북한측 고성능 쾌속정이 기습 포격을 가했다. 그 중 1척을 침몰시키고 5척을 강제로 납치해 갔다.	위와 같은 책, p. 538

날짜	내용	출처
1973년 10월~11월	북한측 경비정이 43회에 걸쳐 남한측 수역에 침범하자 유엔사 공군이 출격하여 격퇴시켰다.	위와 같은 책
1974년 2월 15일	어로저지선 남방 서해안 백령도 서쪽 48km 지점 공해상에서 어로 중이던 우리 어선 수원 32호와 33호가 북한측의 함포사격을 받고 32호는 25분만에 침몰당하고 33호는 납치되어 끌려갔다.	위와 같은 책, p. 564
1974년 5월 9일	한강과 임진강이 합류하는 지점의 동남방 상공을 비행 중이던 2대의 미육군 헬리콥터가 이날 17시 35분에서 18시 15분까지 40분 동안 4차례의 사격을 받았다. OH58형과 ADIG형 각 1대가 정상적인 작전 임무를 띄고 상공 비행 중 3발의 사격을 받고 되돌아 나오다 재차 6발의 사격을 받았다. 6시 13분경 이륙 후 동일 지역을 통과하면서 100여 발의 사격을 받았다.	위와 같은 책, p. 579
1974년 6월 20일	동해안 분계선 남쪽 거진항 동쪽 25마일 동경 129도 북위 38도 28분 해상에서 어로 보호 경비 중이던 200톤급 해경경비정 제863호가 북한측 3정에 포위, 교전 중 격침당했다.	위와 같은 책, p. 584
1974년 7월 18일	김포 북방 한강 남쪽 1km 지점인 조강리 3500피트 상공을 날던 KAL 보잉 700여객기가 한강하구한터에 있는 북한측 고사포 진지로부터 30여 발의 대공포사격을 받았다.	위와 같은 책, p. 586
1975년 2월 26~27일	북한측 항공기가 서해 백령도를 비롯하여 대청도, 소청도 등 3개 도서 상공에 무려 11차례나 불법 침범을 감행하였다.	위와 같은 책, p. 600
1975년 3월 24일	북한측 고성능 전투기 30대가 15갈래의 항적으로 서해 백령도 주변에 침투하여 백령도 상공을	위와 같은 책, p. 604

날짜	내용	출처
	위협하는 한편, 그 중 6대는 우리 작전해역 상공 50마일까지 깊숙이 침범하였다.	
1977년 5월 10일	삼천포 해상에 무장간첩선이 침투해 우리 어부 1명을 납치하였다.	한국전쟁사 6권 전쟁기념사업회, 1992. p. 616
1977년 7월 14일	미군 CH47 치누크 헬리콥터 1대가 북한측 지상포화에 의해 격추당하였다. 승무원 3명이 사망하고 1명이 부상당하였다. 이 헬기는 유엔군 OP건설용 건축자재를 싣고 가던 중 항로를 잘못 들어 비무장지대로 들어가게 되자 한국군의 경고사격을 받게 되었다. 북한측 지역에 비상 착륙하여 북한측의 승인하에 이륙하였는데, 북한측 지상포화를 받아 추락하면서 3명이 사망하였다.	위와 같은 책, p. 622

비고 이상은 송효순저, [북괴도발 삼십년]을 북한연구소출판부가 1978년에 펴낸 내용 가운데 북한측의 NLL 침범과 공중비행 위반 사례를 필자가 임의 추출하여 작성한 것이다.

날짜	내용
1978년 4월 28일	거문도에 침투한 무장 간첩선을 격침시키면서 아군 수병 1명이 전사하고 4명의 부상자가 발생하였다.
1978년 5월 19일	동해에 침범한 무장간첩선을 격침하고 승무원 8명을 생포하였다.
1979년 7월 21일	삼천포 근해에 침투한 간첩선을 격침하고 간첩 6명을 사살하는 과정에서 아군 2명이 전사하고 1명이 부상당하였다.
1980년 3월 27일	포항 구룡포 근해에 침투한 간첩선을 격침시키는 과정에서 아군 1명이 전사하고 1명이 부상당했으며, 어부 3명이 사망하였다.

날짜	내용
1980년 6월 21일	충남 태안 해안에서 간첩선을 격침하는 과정에서 간첩 8명이 자폭하고, 1명을 생포하였으며, 아군 2명이 부상당하였다.
1980년 11월 3일	횡간도에 침투한 무장간첩 3명을 사살하였는데, 이 과정에서 주민 1명이 사망, 5명이 부상당하였다.
1980년 12월 1일	미조도에 침투한 간첩선을 격침하여 간첩 3명을 사살하였다.
1983년 8월 5일	감포 앞바다에 침투한 간첩선을 격침하였으며, 간첩 5명은 자폭하였다.
1983년 8월 13일	울릉도 근해에 침투한 무장간첩선을 격침시켰다.
1983년 12월 3일	다대포에 침투한 간첩선을 격침시키고 간첩 2명을 생포하였다.
1985년 10월 20일	청사포 근해에 침투한 무장간첩선을 격침시켰다.

비고 이상은 한국전쟁사 6권, 전쟁기념사업회, 1992. p. 616에서 전재한 것임.

날짜	내용
1996년	북한측 어뢰경비정 13차례나 침범하였다.
1997년 6월 5일	북한측 어선 89척과 남하한 1척의 경비정이 포 3발을 발사하자 우리 고속정이 이에 대응하여 40mm박격포 2발로 응사함에 북한측 경비정이 도주하였다.
1998년	북한측 해군은 30여 차례나 NLL을 침범하였다.
1999년 6월 7~15일	북한 경비정이 서해 5도 주변 해역 북방한계선을 침범하였다.
1999년 6월 15일	1차 연평해전이 발발하였다.

날짜	내용
1999년 9월 2일	북한측 총참모부가 서해 해상 군사분계선 무효화를 주장하였다.
1999년 10월 30일	북한측 경비정이 NLL에 월선하자 우리 해군이 경고사격하였다.
2000년 3월 23일	북한측 해군사령부 서해통항질서 **NLL 무효화 주장**를 발표하였다.
2000년 11월 14일	북한측 경비정 1척이 NLL을 0.5마일 월선 후 퇴각하였다.
2002년 6월 29일	북한측 경비정이 NLL을 침범하여 대청해전이 발생하였다.
2003년 5월 3일	북한측 경비정 1척이 백령도 동쪽 NLL을 월선침범하였다.
2003년 6월 1일	북한측 어선 8척이 연평도 서쪽으로 월선**경고사격** 하였다.
2004년 6월 4일	북한측 경비정 2척이 연평도 서쪽으로 월선하였다.
2004년 7월 14일	북한측 경비정이 월선함에 우리 해군이 함포사격하였다.
2004년 11월 1일	북한측 경비정 3척이 소청도 동방 6.5마일 및 연평도 서방 25마일 해상에 월선하여 우리 해군이 경고사격하였다.
2005년 5월 13일	북한측 경비정 2척이 순위도 서남방으로 월선하였다.
2005년 8월 21일	북한측 경비정 1척이 백령도 북방으로 월선하였다.
2005년 10월 14일	북한측 경비정 1척이 등산곶 인근으로 월선하였다.
2005년 11월 13일	북한측 경비정 1척과 어선 9척이 연평도 서남방 10마일 부근에 월선하였다.

날짜	내용
2007년 10월 4일	서해상에서의 남북 간 충돌 방지를 위해 공동어로수역 설정 추진을 정상회담에서 합의하였다.
2007년 11월 29일	남북한 공동어로수역 설정을 위한 장성급 회담 재개를 남북국방관회담에서 합의하였다.
2008년 5월 17일	북한측 경비정 1척이 대청도와 연평도 사이를 월선하였다.
2008년 9월 4일	북한측 경비정 1척이 백령도 동북방 10km로 월선하였다.
2009년 11월 10일	북한측 경비정 1척이 대청도 동쪽 6.3마일 NLL을 월선하여 남북해전이 발발하였다.
2009년 12월 9일	북한측 미그기가 공군전술 조치선^{TAL}을 지나 NLL 부근까지 위협 비행을 하였다.
2009년 12월 21일	북한측이 일방적으로 해상군사분계선 내의 수역 사격구역을 선포하였다.
2010년 3월 26일	• 해군초계 천안함이 연평도 인근 해역에서 원인 미상으로 침몰하였다. • 2010년 11월 11일 북한 외무성 정전협정 당사국에 평화협정체결 회담 제의 • 2010년 1월 27일 북한 서해 NLL인근 북한 해상에 네 차례 포사격 실시 • 2010년 3월26일 천안함이 북측 어뢰공격으로 침몰 아군 46명 전사 • 2010년 8월 9일 북한 NLL향해 130여발 포사격 가운데 10여발 NLL남쪽에 떨어짐 • 2010년 11월 23일 북한 연평도 공격으로 민간인 4명 숨지고 19명 부상,민가 수십 채 파손

비고 이상은 중앙일보 2009년 12월 22일 북한 NLL 관련 주요 도발일지 및 북 NLL 침범일지(2010년 11월 11일자와 2010년 3월 27일자 3면, 12월 29일 33면 등을 참조하였다.)

북한측 정전협정의 중요 위반 사례는 263건**1953년 휴전 이후 2009년 6월말 기준**으로, 육상 115건, 해상 위반인 어선 어민 납치는 1980년대 말까지 125건, 공중 위반 22건이었다. 1960년대 82건, 1970년대 32건, 1980년대 21건, 1990년대 42건, 2000년대 72건 등이다.

⇧ 포격받은 연평도

Chapter 08

NLL에 대한 북한측의 부당성과 제반 선언

1991년 UN사령부가 한국군 황원탁 소장을 군사정전위원회 수석대표로 임명하자 북한은 이를 문제 삼으며 정전협정 무력화 의도를 노골적으로 드러내면서 군정위에서 전면 철수하였다.

이후 북한은 군정위 대신 판문점대표부**1994. 5**를 설치하였고, 평화협정 때까지 정전 상태를 유지하기 위한 미북군사공동기구 운영**1996. 2**을 제의하였는가 하면, 2003년부터 2009년 5월까지 정전협정을 지키지 않겠다는 취지의 발표만을 5차례나 하였다.

1955년 3월 5일 내각 결의 제25호에 의해 12해리 영해를 선포한 이래 잠잠하던 서해상에서 북한 경비정은 1973년 10월과 11월 43회에 걸쳐 남한측 수역을 침범해 왔으며, 이에 우리측이 격퇴하였다. 이와 관련해 북한측은 1973년 12월 1일 판문점에서 군사정전위원회 제346차 회의에서 NLL에 대해 "북방한계선은 합의 없는 일방적으로 그어진 유령선幽靈線인 만큼 정전협정 위반은 물론 국제법 위반"이라고 주장하였다.

이러한 관점에서 NLL 인근의 백령도·연평도·대청도 등 서해 5도는 유엔사측 관할이지만, 도서주변 수역은 북한측 영해라는 것이다. 특히 1973년 연평해전 발발을 계기로 제346차 군사정전위원회 북한측 수석대표인 김풍섭은 "정전협정 어느 조항에도 서해 해면에서 계선界線이나 정전해역이라는 것이 규정되어 있지 않았으므로, 황해도와 경기도의 도계선 북쪽과 서쪽의 서해 6개 도서를 포괄하는 수역은 북한의 군사통제하에 있는 수역"이라고 주장하였다.

그리고 "휴전협정 제2조 13항 ㄴ목의 해석상 황해도와 경기도의 서쪽 연장선을 하나의 경계선으로 상정하고 있으므로 그 북쪽은 우리의 연해이다. 따라서 남한측은 휴전협정의 요구에 따라 해군 함선과 간첩선을 우리측 연해에 침입시키는 행위를 당장 그만두어야 하며 앞으로 서해의 우리측 연해에 있는 백령도·대청도·소청도·연평도·우도에 드나들려고 하는 경우에는 우리측에 신청하고 사전 승인을 받아야 한다."56)라고 주장하였다.

서해에 관한 북한의 관할권管轄權 주장은 1993년 남북 사이의 화해와 불가침 및 교류협력에 관한 합의서에도 제기된 바 있다. 1992년 2월 19일 평양에서 열린 남북 고위급 회담 시 본 합의서 제11조에 "남북 불가침의 경계선과 구역은 1953년 7월 27일자 군사정전협정에 규정된 군사분계선과 지금까지 쌍방이 관할하여 온 구역으로 한다."라고 명시한 바 있다.

그럼에도 불구하고 1993년 북한은 서해 해상경계선에 관해 서해

---

56) 대한민국 국방부, 군사정전위원회 제346차 회의록, 1973. 12. 1.

5개 도서 주변 해역 관할권에 관한 주장을 제기함으로써 전형적인 북한식 협상전술을 구사하였다. 1999년 제1차 연평해전 이후 북한측은 NLL의 철회를 요구하고 4자회담에서의 협상을 요구한 데 이어, 이해 8월 17일 개최된 판문점 장성급 회담에서 NLL을 휴전선 연장선상에서 재조정할 것을 주장하였다. 그리고 9월 2일에는 북한 인민군 총참모부가 현재의 NLL 무효화 선언과 함께 해상군사분계선을 내놓고 이 분계선 이북 수역을 인민군측 해상 군사통제수역이라고 일방적으로 선포하였다. 선포 내용은 다음과 같다.

1. 조선 서해상 군사분계선은 정전협정에 따라 주어진 선인 황해도와 경기도의 도경계선 (가)~(나)의 (가)점과 우리측 강령반도 끝단인 등산곶 미군측 관할하의 섬인 굴업도 사이의 등거리점**북위 37도 18분 30초, 동경 125도 31분**, 우리측 관할 웅도와 미군측 관할하의 섬들인 서격렬비도 소협도 간 등거리점**북위 37도 1분 2초, 동경 124도 55분**, 그로부터 서남쪽 섬**북위 36도 50분 45초, 동경 124도 32분 30초**을 지나 우리나라와 중국과의 해상경계선까지를 연결한 선으로 하며, 이 선의 해상수역을 조선인민군측 해상 군사통제수역으로 한다.
2. 조선 서해 해상 우리의 영해 안에 제멋대로 설정한 미군측의 강도적인 북방한계선은 무효임을 선언한다.
3. 조선 서해 해상 군사분계선에 대한 자위권은 여러 가지 수단과 방법에 의하여 행사할 것이다.[57]

이상과 같은 선포 내용은 이제까지 준수해 온 NLL이 비법적인

---

57) 연합뉴스 2004년 6월 4일 보도한 것으로, 1999년 9월 2일 조선인민군총참모부 총참모장 김영춘, 서해상 군사분계선을 선포함에 대한 특별보도임.

선이라는 것으로, 그 해 7월 11일자 로동신문의 논평에서도 "우리는 북방한계선이라는 것을 모른다."라고 하면서 이를 반증하려 하였다. 위 논평의 내용은 다음과 같다.

북방한계선이란 애당초 정전협정에도 없고 쌍방이 합의한 적도 없다. 그것은 그 누구도 인정하지 않는 유령선이다. 따라서 충돌사건이 발생한 문제의 해역은 괴뢰들이 저들 수역이라고 주장할 하등의 근거가 없다. 정전협정에는 영해의 모든 섬들이 협정체결 당시 일방의 점령에 관계없이 조선전쟁 직전인 1950년 6월 25일 당시를 기준으로 하여 양측에 귀속하도록 규정되어 있다.
이로써 황해도와 경기도의 도경계선 북쪽과 서쪽에 있는 섬들 가운데서 5개의 섬만 미군측이 관할하게 되었고, 그 섬들과 우리측 지역 사이에 해상분계선이나 한계선은 설정부터 되지 않았다. 괴뢰들 자체가 이것을 잘 알고 있다.
괴뢰들은 지금까지 휴전선이 155마일이라고 하면서 군사분계선을 지상경계선에 한정시켜 왔으며, 그 서쪽 시작점에 대해서도 한강 하구라고 명백히 규정하였다. 남조선 출판물 자료에도 휴전선은 서쪽은 한강 하구로 시작된다고 쓰여 있다.
그런데 이제 와서 뚱딴지같이 북방한계선이라는 말을 내돌리며 소동을 피우는 것은 어처구니 없는 노릇이다. 유엔해양협약에는 영해가 12해리로 규정되어 있다. 괴뢰들이 영해법에 비추어 보아도 문제의 그 수역은 엄연히 우리의 영해이다.[58]

---

58) 연합뉴스, 1999. 7. 15.

2000년 3월 23일 서해 해상군사분계선 설정에 대한 후속 조치로 북한측 해군사령부 명의로 "서해 5도 통항질시를 추가 발표, 남한측 선박이 북한측이 지정한 2개의 수로를 통해서만 서해 5개 도서로 통항할 수 있다."고 주장하였다. 이른바 조선 인민군 해군사령부 중대보도 내용을 옮겨 보면 다음과 같다.

1. 우리 영해에 있는 미군측 관할하의 5개 섬들 중 백령도·대청도·소청도를 포괄하는 주변 수역을 제1구역으로, 연평도 주변 수역을 제2구역으로, 우도 주변 수역을 제3구역으로 한다.
   1) 제1구역 북쪽 계선은 북위 38선으로 하고 동쪽과 남쪽, 서쪽 계선은 백령도·대청도·소청도의 영해 기산선起算線으로부터 2km폭으로 평행하게 그은 선으로 한다.
   2) 제2구역 북쪽 계선은 북위 37도 41분 24초선으로 하고 동쪽과 남쪽, 서쪽 계선은 연평도 영해 기산선으로부터 2km폭으로 평행하게 그은 선으로 한다.
   3) 제3구역 계선은 우도 영해 기산선으로부터 2km폭으로 평행하게 그은 선으로 한다.
   4) 제1, 2, 3구역 안에서의 미군측 함정들과 민간 선박들은 우리측에 적대적인 통항이 아닌 이상 통항의 자유를 가진다.

2. 제1구역으로 드나드는 모든 미군측 함정들과 민간 선박들은 제1수로만을 통하여, 제2구역으로 드나드는 모든 미군측 함정들과 민간 선박들은 제2수로만을 통하여 통항할 수 있다.
   1) 제1수로는 서해 해상 군사분계선상의 북위 37도 10분 30초 동경 125도 13분 19초 지점과 소청도의 제일 높은 고지 정점을

연결한 선을 축으로 하여 좌우 1마일 폭을 가진다.

2) 제2수로는 서해 해상 군사분계선상의 북위 37도 31분 25초 동경 125도 50분 38초 지점과 대연평도의 제일 높은 고지 정점을 연결한 선을 축으로 하여 좌우 1마일 폭을 가진다.

3) 원칙적으로 우리측 영해에 있는 미군측 관할하의 섬들에 비행기들이 드나들 수 없으며 부득이한 경우 모든 비행기들은 수로 상공을 통해서만 비행할 수 있다.

3. 제1, 2, 3구역과 제1, 2수로들에서 미군측 함선들과 민간 선박들은 공인된 국제 항행 규칙을 엄격히 준수해야 한다.
4. 미군측 함정들과 민간 선박 및 비행기들이 지정된 구역과 수로를 벗어난 경우, 그것은 곧 우리측 영해 및 군사통제 수로와 영공을 침범하는 것으로 본다.
5. 제정된 수로 통항 시 우리측 행동에 그 어떤 위협이나 지장을 주어서는 안 되며, 이 수로들과 통항 구역이 우리 함정들과 민간 선박들의 통항을 가로막는 구역이나 수로도 될 수 없다.
6. 이번에 제정한 통항 구역과 수로는 어디까지나 미군측 관할하의 섬들이 우리측 영해에 위치하고 있는 점을 고려하여 설정한 것이며, 이 구역과 수로가 미군측 수역으로 될 수는 없다.

2002년 8월 2일에는 평양 조선중앙통신을 통해 북방한계선의 허황성을 폭로 단죄한다는 백서를 발표하였다. 내용인즉 "조선반도는 공고한 평화가 아닌 정전 상태에 있는 지역이고 북남 사이에 해상 경계선을 설정하는 것은 첨예하고 심각한 문제로 서해 경계선을 확정하자면 북과 미국이 마주앉아 토론을 하고 합의를 보아야 하며,

북방한계선은 서해 해상 경계선이 아니라 무장 충돌과 전쟁 발발의 화근"이라 주장하였다.

즉, 이 내용은 서해 해상경계선의 설정이 시급히 요구되는데, 이 선은 유엔군측에 의해 일방적으로 획정된 비법적인 선인 까닭에 인정할 수 없으니 정전협정 당사자인 미국과 북한 간에 토의를 위한 실무급 회담을 열어야 한다는 요지로 압축될 수 있다.

그런가 하면 동해에 대해서는 1977년 6월 21일 200해리 경제수역 설정에 관한 중앙인민위원회 정령을 채택한 10일 후인 7월 1일 평양방송을 통해 동 정령을 1977년 8월 1일부터 실시한다고 다음과 같이 보도하였다.

1. 바다의 자원을 보호·관리하고 적극 개발하기 위하여 200해리 경제수역을 설정한다.
2. 배타적 경제수역의 범위는 영해 측정 기선에서 200해리로 한다.
3. 200해리를 그을 수 없는 수역에서는 바다 반분선까지로 한다.
4. 수중 해저 및 지하를 포함한 이 수역 안의 모든 생물 및 비생물 자원에 관하여 자주권을 행사하며 사전 승인 없이 외국 선박 및 항공기들이 북한 경제수역 안에서 고기잡이, 시설물 설치, 탐사, 개발 등 북한 경제 활동에 방해가 되는 행위 및 바닷물이나 대기의 오염 및 인명이나 자원에 해를 주는 모든 행위를 금지한다.

이와 같은 200해리 경제수역과 군사 경계수역 선포로 동해에서의 어로가 어렵게 된 일본측은 이해 8월 일조우호촉진연맹 日朝友好促進聯盟이 일본 어선의 당해 지역 출어 교섭을 시작하였다. 제2차 방문단으로 입북한 하야시 林義郎 중의원이 입수한 간접 정보에 따르면, 영해의 직선 기선이 강원도 고성에서 두만강 입구의 나주리를 연결한 만구폐쇄선灣口閉鎖線인데, 그 연장이 250해리나 된다는 것이다.59)

북한측은 200해리 경제수역 실시와 별도로 1977년 8월 1일 평양방송을 통해 해상 군사경계수역을 설정, 발표 당일부터 적용한다고 조선인민군최고사령부 명의로 보도하였다. 그 내용은 다음과 같다.

조선인민군최고사령부는 평시 국가 상황에서 요구되는 바에 의하여 조선민주주의인민공화국의 경제수역을 안전하게 보호하고 영토주권과 국가 이익을 군사적으로 확고하게 보장하기 위하여 해상 군사경계수역을 설정한다.

군사경계수역은 동해의 영해 경계선으로부터 50마일에 이르는 곳까지이며, 서해에서는 경제수역을 경계로 한다.

군사경계수역의 해상·해중·공중에서 외국 군함, 외국군 항공기의 행동을 전면 금지하며, 어선을 제외한 민간 선박과 민간 항공기는 유효한 사전 합의 또는 사전 승인하에서만 항해 또는 비행할 수 있다.

군사경계수역의 해상·해중·공중에서 민간 선박과 민간 항공기는 군사적 목적을 위한 행위 또는 경제적 이익을 침해하는 어떠한 행위도 금지한다.

이러한 경제수역의 선포로 북한 해공군이 실질적으로 경계활동을 해 온 수역에 대한 배타적 방위권을 공식화한 것이다. 이로써 북한은 군사경계수역 내의 해상·해중·공중에서 항공기의 행동을

---

59) 조선일보, 1977년 9월 13일자 및 김달중편, 한국과 해로 안보, 서울 법문사, 1988, p. 332.

전면 금지하고 있을 뿐만 아니라, 민간 선박 및 민간 항공기도 적절한 사진 협의나 사진 승인하에서만 항해 또는 비행할 수 있게 함으로써 일반 민간 선박과 항공기를 가장 배타적으로 취급해야 할 군함에 준하여 언급하고 있다.

대다수의 국가들이 군함의 특권과 영향력으로 인해 자국의 영해 등 전관 수역에서 군함의 무해통항권을 제한하고 있는데 비해, 북한은 군함 아닌 민간 선박까지도 자유로운 통항을 제한하고 있는 것이다.

어선들의 제외라는 의미는 처음부터 출입이나 통항을 불가능하게 하기 위한 것으로 보여진다. 국제법적으로도 부당한 이러한 경계획정 선언을 기습적으로 한 저의는 군사적 측면에서 해상 영역을 확대하고자 하는 것이다. 외국 선박 및 항공기의 출입을 금지시킴으로써 군사경계수역에 대해서는 절대적으로, 경제수역에 대해서는 상대적으로 그들만의 활동 무대를 만들어, 해상을 통한 유엔군의 정보 수집 활동을 막고 한국측 해군의 활동을 방해, 유사시 해상으로부터의 위협을 막아 내려는 데 목적을 두고 있는 것으로 보인다.

이러한 맥락에서 1999년 9월 2일의 조선 서해 해상군사분계선 선포도 그 궤를 같이 하고 있는 것으로 보인다.

chapter 09

NLL에 대한 올바른 해석

북방한계선에 대해 북한측이 주장하기를, "이 선은 유엔군측이 일방적으로 설정한 비법적인 유령선으로 정전협정은 물론 국제법 위반이라는 악의적인 발상에서 비롯된 것"이라고 하였다.

북방한계선은 정전협상 당시 유엔군측은 국제적 관행인 영해 3해리를 제기한데 반해 북한측은 해상 봉쇄를 우려한 나머지 영해에서의 12해리를 끈질기게 주장하였고, 이어 유엔군측이 이를 수용함에 따라 형성된 선이다.

이러한 해상경계선에 관한 규정이 정전협정 제13항 ㄴ목에 포함되지 못하고 제15항에 "한국 육지에 인접 해면을 존중하며 한국에 대하여 어떠한 종류의 봉쇄도 하지 못한다. which naval forces shall respect the waters contiguous to the Demilitarized Zone … shall not engage in blockade of any kind of Korea"라고 한 것은 쌍방 간의 복잡한 정치적 욕구를 충족시키려는 과정에서 다른 선택의 여지가 없어 부득이 채택된 흠결欠缺 사안이다.

이 흠결을 북한측이 악용하고 있는데, 악용의 핵심 문구인 정전협정 제13항 ㄴ목 단서 말미에 "상기 경계선 이남에 있는 모든 도서 b. … lying south of the above mentioned boundary line shall remain … "라는 데에서 황해도와 경기도의 도계선을 하나의 경계선으로 지칭하고 있는 점에 근거를 두고 있다.

본 협정상의 흠결은 결코 휴전협정 당사자들의 과실이나 무지에서 연유된 흠결이 아님을 간과해서는 안 된다. 따라서 이 협정의 당해 조항은 한국전쟁의 무력적 행위를 어디까지나 종식시키기 위한 교전 당사자 간의 협정이라는 기본적 전제하에 해석, 이해되어야 한다.

조약은 조약규정 문면에 나타난 통상적 의미에 따라 성실하게 해석되어야 하며, 본문 이외의 단서가 특별히 제한하는 부분은 그 부분에 한해서만 제한된 취지로 해석되어야 한다는 것이 조문 해석상의 기초적 논리이다. 이는 해석 과정에서 해상군사분계선에 대한 논리로 볼 때 필연적 내용임을 전제로 해야 한다.

유엔군측은 조기 휴전협정을 성립시키기 위해 38선 이북의 주요 도서로부터 철수함은 물론, 38선 이남 해역에서도 전략 도서인 서해 5도를 제외한 황해도 육지와 근접한 모든 도서의 통제권을 북한에 넘겨주었다. 따라서 NLL 북방에 있던 수많은 섬들의 통제권을 북한측이 확보할 수 있게 된 것이다.

유엔군측의 자기 제한적 철수의 결과 군사적 진공 상태로 있게 된 이 지역을 북한측이 반사적으로 통제하게 된 것이다. 즉, 해상에 있어서의 군사분계선이 일방의 철수와 타방의 반사적 통제하에 놓이게 됨으로써 북방한계선인 NLL이 형성된 것이다.

휴전협정 기본 정신에 비추어 보더라도 이는 육상의 군사분계선과 같이 교전 당사자 간의 군사 역량의 경계선이 된다는데 이의가 있을 수 없다. 이렇게 성립된 경계선을 당사자 일방이 침해하여 월선越線, 잠식하는 등의 적대 행위는 분명히 휴전협정을 위반하는 것이다.

휴전협정 협상 시 공산측의 해군력이 전무한 상태에서 설정된 이 선은 비록 유엔군사령관의 일방적 조치이기는 하나, 쌍방 간에 합의된 조치와 다름없는 효과를 갖는다. 이 경계선은 양측 간의 직접적인 충돌을 제어함과 동시에 이 지역에서의 평화와 안정을 유지하는 데 유용한 선이었기 때문에 북한측도 이를 수용해 왔고 지난 20년간 이의를 제기하지 않았던 것이다.

보다 더 자세히 상론詳論한다면 본 협정 제13항 ㄴ목의 "휴전협정 발효 후 10일 이내에 쌍방의 군사력은 상대방의 연안 도서와 해면으로부터 철수하여야 한다."는 이 문구는 전쟁 수행 이후 점령지 처리 방식 중, 전쟁 개시 이전의 상태를 기준으로 한 이른바 'status quo ante bellum'을 의미하는 조항이다.

특히 연안 도서와 해변이란, 단서에 달리 제한을 두지 않는 한 휴전 성립 당시 점령하고 있더라도 한국전쟁 발발 이전에 상대방이 통제하고 있던 도서와 그 영역을 뜻하는 것이다. 그러므로 본문대로 해석한다면 북위 38선 이남의 서해 지역 해면과 황해도 연변에 있는 모든 도서, 즉 서해 5개 도서는 물론이고 마합도·창린도·기린도·비엽도·순위도 등에서 북한측은 물러나야만 한다.

그러나 휴전 당시 문제의 5개 도서를 제외한 도서들이 북한측의 장악하에 있었으므로 교전 당시의 상황을 존중하기 위해 동 제13항 ㄴ목의 단서에서 서해 5개 도서 이외의 도서에서의 북한측 철수

의무를 해제한 것이다.

이 단서는 전쟁 수행 이후 점령지 처리 방식 중 전쟁 수행 과정의 결과적 상태를 참작한 'uti possidetis'조항이다. 동 제13항 ㄴ목 본문의 규정에 따르면 북한측은 전쟁 발발 이전에 장악하고 있던 황해도 연변의 모든 연안 도서와 해면으로부터 철수해야 한다.

다만 ㄴ목 단서의 규정에 의하여 백령도·대청도·소청도·대연평도·소연평도·우도의 6개 도서들을 제외한 마합도·창린도·비엽도·순위도 등의 섬들에서 철수 의무를 해제한 것 뿐이다.

이들 철수 의무가 해제된 섬들의 범위를 지목하기 위해서 동 제13항 ㄴ목을 언급하고 있으나, 북한측이 주장하고 있는 것처럼 양측의 관할 해면을 구획하는 기준선이 될 수는 없다.

그 이유로 첫째, 황해도와 경기도의 끝단에서 서쪽으로 연장선을 그어 보면 이는 위에서 언급한 2그룹의 섬들을 구획하는 기준이 될 수 없다는 것이 증명된다. 즉, 연평도와 우도는 기준선의 남쪽에 있으나 백령도·대청도·소청도는 이 경계선 북쪽에 위치하게 되어 서해 6개 도서를 하나의 그룹으로 볼 수 없기 때문이다.

둘째로는 휴전협정 제3조 한국 서부 연해제도沿海諸島들의 통제면에서 볼 때 "상기 경계선이라는 황해도와 경기도의 계선 목적은 단지 서부 연안 섬들의 통제를 표시하는 것일 뿐 다른 의미는 없으며 조문에도 이에 다른 의미를 첨부하지도 못한다."라고 명기하고 있다. 이 도계선의 끝단에서 연장된 관념적인 기준에 남북 양측의 군사경계선이라는 새로운 의미를 부여하는 것은 휴전협정 조문 취지에 명백히 반하는 것이다.

그러므로 동 협정 제13항 ㄴ목 단서의 초두에 나타난 황해도와 경기도의 도계선이 끝난 지점에서 북쪽과 서쪽에 있는 도서로 해석되어야 하고, 동 단서 말미에 있는 상기 경계선 이남에 있는 모든 도서를 의미하는 것으로 해석되어야만 한다.

이때 황해도와 경기도의 도계선이 끝난 지점, 즉 지도상의 지점에서 북쪽과 서쪽에 있는 도서란 서해 6개 도서와 마합도·창린도·비엽도·순위도 등을 모두 포괄함을 의미한다. 이렇게 해석되어야만 13항 ㄴ목 단서의 의미와 일관된 논리가 성립될 수 있다.

따라서 옹진반도와 해주만의 지형과 서해 6개 도서의 지리적 위치로 볼 때, 양측이 관할하는 도서군들을 북한측이 주장하는 황해도와 경기도의 도계선의 연장선과 같은 것으로 구획할 수 없다는 것은 자명하다. 그리고 동 협정 제13항과 기타의 다른 어떤 조항에도 유엔군측 관할 도서 및 관할 해면을 북한측이 주장, 구획하는 명백하고 구체적인 경계선을 제시하지 못하고 있다.

물론 육상의 군사분계선과 같이 명료하고 구체적인 해상분계선을 획정해 놓았더라면 이러한 문제는 야기되지 않았을 것이다. 그러나 양측은 이같은 흠결을 기능적으로 해결하기 위해 사실상의 경비구역을 독자적인 구획선으로 그어 놓았다. 이 선이 유엔군측에서는 NLL이 되었고, 북한측에서는 북한 해군의 경비구역선으로 된 것이다.

Chapter 10

NLL 관련 영토와 영해론

　영토란 국제법상 제한이 없는 한 인적·공간적 한계 내에서 배타적 지배를 행할 수 있는 국가 영역의 범위를 뜻한다. 이러한 국가 영역은 일정 범위의 육지와 육지에 접속한 일정 범위의 수역과 육지의 상공으로 구성된 공간 구조를 말한다.
　일반적으로 육지를 영토, 수역을 영수, 영토와 영수의 상공을 영공이라 칭한다. 영토, 영수, 영공의 지하와 영수면하의 토지도 국가 영역에 포함시키고 있는데, 국가 영역의 가장 기본적인 부분은 두 말할 것 없이 영토이다.
　영토를 중심으로 영수와 영공의 한계가 결정되는데 영수나 영공은 영토를 떠나서는 존립할 수 없으며 이를 분리, 처분할 수도 없다. 이렇듯 국가 영역은 배타적 지배의 정도에 따라 다소간 차이를 보이고 있는데 영토에서 그 정도가 가장 뚜렷하게 나타나고 있다.
　다음으로는 영공이며, 영해는 다소 덜한 편이다. 영토가 원칙적으로 육지로 구성된 범위라 할 때 영토 내의 하천河川, 호소湖沼, 운하運河는 영토의 일부분으로 취급되며 타국과의 한계를 국경이라 칭한다. 영토에 대한 국가의 권능은 국경 내 토지의 표면 및 지하에까지 미치는데, 지하에 대한 국가 권능은 과학의 진보와 보조를 같이 하며 과학 기술이 미칠 수 있는 한도까지이다.

영토는 자연히 나라와 나라 간의 경계를 이루게 되는데, 이 경계는 국경 조약에 의해 지도상으로 획정되는 것이 일반적인 성향이다. 그러나 그 같은 합의가 없는 경우 산맥의 분수령, 하천의 중앙선 또는 하천 최심류最深流의 중앙선을 국경으로 하고 있다. 호소에 의한 국경획정은 별도의 합의가 없는 한 호소의 중심점과 국경지대 호소와의 접촉점을 연결한 선에 의한다고 해석하고 있다.

단, 영토 내에 있는 하천과 운하는 조약에 의하여 국가 영역권이 속지적屬地的으로 제한되는 경우가 있는데, 이는 국제 하천과 국제 운하의 경우이다.60) 영해는 National waters와 Territorial seas를 포괄하기도 하며, 이를 영수와 영해로 구별해 광의의 영해와 협의의 영해로 가름해 해석하기도 한다.

1930년 국제법전회의에서 영해를 협의의 의미인 연안해沿岸海로 규정한 이래 일반적으로 통용되어 왔고, 1956년 유엔 국제법위원회가 작성한 해양법에 관한 조약 초안에서도 이 용어를 채택하고 있다.

이는 영해 가운데 연안해와 기타 항만, 내해內海가 국제법상 지위를 달리하므로 용어 개념의 혼동을 피하고자 하는 데 있었다. 아울러 항만, 내해와 같은 해면을 하천, 호소, 운하와 함께 내수라는

---

60) 이한기, 국제법학上, 박영사, 1979, pp. 259~260.

분류 속에 포함시킨 이유 역시 이들의 법적 지위가 유사하기 때문이다.

영수領水에 대한 국제법상 문제점으로는, 첫째 내수內水와 영해를 구별하는 경계선을 어디에다 긋느냐, 둘째 영해의 범위가 어느 정도여야 하느냐, 셋째 영해와 영수 각 부분에 대한 국가의 권능은 무엇인가라는 점이다.

영해가 영토 위주인 일정 범위의 바다로 성립된 국가 영역이라고 할 때, 영해는 국가의 영역권이 미치는 수역이라는 점에 대해서는 이론이 있을 수 없으나 영해 범위에 대해서는 국가 간에 커다란 차이를 보이고 있다.

이러한 영해제도는 어느 기준선에서 어디까지를 영해의 범위로 결정하느냐의 근본적인 문제에 봉착하게 된다. 과거와 달리 오늘날은 국제통상의 발달에 따라 해양폐쇄론에 대립하는 공해자유公海自由의 사상이 제기되고 이것이 점차 원칙화됨에 따라 국가는 외적에 대한 방위의 필요상 일정 범위의 수역을 반드시 가져야 한다는 영해사상이 성립하게 되었다.

원래 영해는 교전국의 전투 행위를 금지하는 중립 수역을 설정할 목적으로 18세기 말 몇몇 국가가 대포의 착탄거리인 3해리를 채용한 데서 기원하였다. 그러면서 영해의 범위를 확대하느냐 축소하느냐의 문제가 필연적으로 공해公海의 범위에 관계되었고, 나아가 국가주권의 해상 확대를 제한하느냐 허용하느냐의 문제로 이어져 왔다.

이처럼 공해의 범위에 반비례하는 영해의 범위는 국가 이익에 중대한 관계가 발생함으로써 해양 국가와 비해양 국가 간에 주권이 제약되지 않고 자유로운 활동의 여지를 남겨주는 공해 확대 문제가 자국의 이익에 부합되느냐 아니냐에 따라 주권수호에 의한 이익성을 확보하는 데 제약을 피할 수 없게 되면서 국가 간의 이익 조절이라는 국제법상의 요청을 무시할 수 없게 되었다.

엄밀히 말해 영해 3해리라는 준칙은 국제법상 존치, 승인되지 않은 기준선인 것이다. 그럼에도 불구하고 3해리 준칙이 과거에 널리 보급되어 왔음은 빈켈쇼크가 제창한 착탄거리설着彈距離說에 연유되면서부터이다.

즉, 빈켈쇼크의 『De Domino maris 바다의 지배에 관하여』라는 저서에 나오는 '토지의 권력은 병기兵器의 힘이 미치는 곳에 그친다terrae potestas ubi finitur armorum vis'라는 사상을 기저로 하여 대포의 착탄거리로 영해의 범위를 결정하자고 한 것이다.

이어서 이탈리아의 갈리아니는 1782년 당시 대포의 사정거리가 3해리였으므로, 3해리를 영해의 범위로 할 것을 제의하였다. 18세기 말 이탈리아 아즈니는 대포의 실효적 사정거리에 관계없이 3해리라는 숫자로써 영해의 범위를 고정시키자는 논의를 제기하였다.

이 설은 19세기 이래 대다수 국가가 받아들이고 조약에 의해 채택됨으로써 오늘에 이르고 있다. 이와 같은 3해리설은 영해 결정의 실력표준설, 해양자유의원칙과 조화를 이루어 한 시대의 적합한 영해 결정의 일정 기준을 제공한 데 의의가 있었다. 그러나 3해리설은 오늘날과 같이 병기가 고도로 발달하고 공해자유원칙의 재검토가 강력히 제기되는 시점에 이르러서는 존립 기반을 상실하고 있는 실정이다.

그럼에도 불구하고 3해리설이 적지 않은 나라에서 여전히 유지되고 있는 까닭은 20세기 초 세계 최대 해양 왕국인 영국이 이 규칙을 강력히 추진해 왔고 영국과 이해관계를 같이 하는 미국, 일본 등 해양국들이 여기에 동조해 왔기 때문이다.

본래 3해리설은 영국의 주장에 불과하였고 과학적 근거도 미약하였다. 다만 국제무역을 위해 자유로운 해역을 확보하고자 하는 해운국들의 국가이익과 맞물리면서 유지되어 왔으나, 노르웨이, 스웨덴 같은 나라들은 4해리를, 스페인과 이탈리아는 6해리를 채택해 왔다.

근간에 이르러 여러 나라들은 영해의 범위를 가급적 확대하려고 노력하고 있다. 영해 확장을 선언하는 방법 외에도 접속수역接續水域이라는 새로운 개념을 안출해 냄으로써 사실상 포괄적 권리를 주장하는 영해의 확장뿐만 아니라 특수 목적을 위한 접속수역을 일방적으로 설정할 수 있다는 견지가 불어나고 있다. 이에 따라 국가 일정 수역에 대한 주장이 영해 또는 접속수역에 대한 주장 구분을 식별하기에 어려운 실정에 이르고 있다.

더욱이 대륙붕Continental shelf이론의 제기와 동시에 바다 상부 수역에 대한 주권 또는 관할권의 주장까지도 제기되고 있다. 요컨대 국제법상 영해 범위의 결정에 따른 규칙은 마련되어 있지 않으며, 단지 국제법상 영해에 대한 연안국의 주권과 주권 국가에 의한 영해 범위의 결정권만이 있을 따름이라고 할 수 있다. 그렇다고 영해 범위의 결정이 하등의 원칙도 없고 국가가 자의로 정할 수 있는가 하면 그렇게 볼 수는 없다.

비록 이 사항에 대해 확립된 국가법규가 없이 영토 범위의 결정이 각국의 권한에 속하기는 하나, 이같은 획정이 제3국과의 이해관계와 무관할 수는 없다. 따라서 3해리 원칙에 구속될 이유는 없다 하더라도 무제한 영해를 확대할 수도 없는 실정이다.

영해제도가 역사적으로 공해자유의원칙과 밀접한 관련하에서 구체화된 점을 볼지라도 공해자유의원칙으로부터의 제약을 부정할 수 없다. 그러니 영해의 범위는 자국의 존립 조건과 국가 이익을 고려함과 동시에 공해자유의원칙과 모순되지 않는 범위 내에서, 그리고 수역에 대한 국제의무를 부담할 수 있는 능력 한도 내에서 자유로이 영해 범위를 결정할 수 밖에 없다고 하겠다.[61]

우리나라에서도 유엔해양법협약UN Convention on the law of the sea 제3차 회의 결과, 1982년 4월 30일 유엔에서 채택되어 1994년 11월 6일 발효된 해양법에 관한 조약은 전문 320조 외에 9조의 부칙으로 되어 있는 바다의 이용에 관한 국제법을 1996년 1월 29일 비준해 준수하고 있다.[62]

발효된 해양법의 내용인즉, "연안국의 주권은 영토 및 내수 외측의 영해라고 하는 인접 해역에까지 미친다. 모든 국가는 유엔해양법협약에 따라 결정된 기선으로부터 12해리를 초과하지 아니하는 범위 내에서 영해의 폭을 설정할 권리를 가진다."라고 하고 있다.

영해의 외측 한계外側限界를 기선상起線上의 최근점으로부터 거리가 영해의 폭과 동일한 모든 점을 연결한 선으로 한다. 단 2개국의 해안이 상호 마주보거나 인접하고 있는 경우에는 양국 중 어느 한 나라도 반대해 합의가 이루어지지 않는 한, 각국의 영해 폭을 측정하는 기선상의 최근점으로부터 등거리에 있는 모든 점을 연결하는 중간선을 넘어서 영해를 확장할 수 없으며, 모든 국가의 선박은 영해에서 무해통항권無害通航權 : Right of innocent passage의 자유를 갖는

---

61) 위와 같은 책, pp. 260~265.
62) 유엔해양법의 주요 내용으로 영해의 폭을 최대 12해리로 확대, 200해리 배타적 경제수역제도 신설, 심해저 부존 광물자원을 인류 공동 유산으로 정의, 해양 오염 방지를 위한 국가의 권리와 의무를 명문화, 연안국의 관할수역에서 해양과학 조사 시의 허가 등을 규정, 국제해양법재판소의 설치 등 해양 관련 분쟁 해결의 제도 등이다.

다는 것이다.

다음으로 영공에 관해서는 20세기 초 이래 항공 비행의 급격한 발달로 인해 항공 관련 여러 규칙이 상공에도 적용하는 자유항공설이 대두되었다. 이 설은 일정 고도 이상을 영공으로 하고 그 이상을 공공**公空**으로 하자는 주장으로, 상공**上空**의 자유가 공해**公海**자유 연안국의 안전에 매우 크게 영향을 미칠 것으로 보아 국가 간의 실행을 주저하게 하였다.

제1차 세계대전 후 파리에서 체결된 국제항공조약**1919년 10월 13일**에서는 대전**大戰**의 경험을 토대로 "국가가 영공의 완전 배타적 주권을 갖는다."라고 규정하였으며, 제2차 세계대전 중에는 1944년 시카고 민간항공조약Convention on International Civil Aviation에서 이 원칙을 확인시켜 주었다.

오늘날에는 국가가 영공에 대하여 영역권을 갖는 것이 당연시되고 있어, 국가가 외국 항공기의 무해 항공권을 인정할 의무가 없다. 국제조약 규정상 영공국**領空國**의 허가, 또는 불가항력 등의 사유에 의하지 아니하고는 일국의 영역 내에 비행해 온 외국 항공기에 대하여 당해 영공국이 필요한 강제 조치를 취할 수 있다.

시카고 민간항공조약은 체결 조약국의 민간기에 대하여 영공 내를 사전에 허가 없이 비행할 수 있다고 규정하고 있으나, 이러한 무해 항공권은 조약에 근거한 것으로 일반 국제법상의 권리는 아니다. 그런데 인공위성의 발사와 로케트에 의한 초고공 비행이 급속하게 발달되고 있는 오늘날에 있어서는 영공의 한계가 새로운 문제로 제기되고 있다.

위에 언급한 항공조약에 대한 해석상 항공기가 비행할 수 있는 공간이란 대기권을 지칭하는 것으로 보이며, 이른바 우주권**宇宙圈**의

비행을 규율하는 국제법규는 존재하지 않는다고 본다.63)

1948년 대한민국정부 수립 이후 남북한 분단에 대해 "대한민국의 영토는 한반도와 그 부속 도서로 한다."라는 헌법 제3조 규정에 따라 북한 지역도 대한민국 영토의 일부로서 그 주권이 미치고, 이에 반하는 어떠한 형태의 주권도 부인되는 것으로 인식 내지 해석되어 왔다.

남북한은 1990년대 미소의 화해와 대한민국의 능동적 북방외교의 전개, 중국과의 교류 확대 등 국제 정세의 변화와 궤를 같이 하면서 1991년 9월 17일 제46차 유엔총회에서 159개국 전체 회원국의 만장일치로 유엔에 동시 가입이 승인되었다. 결국 분단 이후 46년만에 북한은 160번째, 대한민국은 161번째 독립국으로써 유엔회원국이 된 것이다.64)

무엇보다 남과 북 사이에 기본합의서가 채택되고, 한때 양측 간에 화해 무드가 조성되었다. 이로 인하여, 남북 양측을 상호 국가로 승인, 법률상 주체로 인정하느냐 여부를 놓고 내외 학자들 사이에 다양한 설이 제기됨으로써 도전을 받고 있는 실정이다. 다양한 논의는 2국가 분리론**대한제국의 법인격을 대한민국이 승계 : 북한은 신생국이라는 견해**, 2국가 분열론**남북한을 승인한 제3국들의 견해로 2개의 신생국설**, 국가연합론**특수유형의 국가연합설 : 대내적으로는 비국가 관계이며 대외적으로 독립된 별개의 국가라는 견해**, 1국가존속론**대한제국의 법통성 계승은 대한민국으로 영토는 당연히 한반도 전역이며, 북한은 불법단체라는 견해**, 상호국가론**각각의 국가성을 부인하지 않고 묵시적 국가승인으로 보는 견해**과, 대한민국 헌법재판소의 국제법상의 통설적인 입장에 따른 견해**남북한이 유엔에 동시 가입하였다 하더라도 이는 유엔헌장이라는 다변조

---

63) 이한기, 국제법학上, 박영사, 1979, pp. 281~282.
64) 통일원, 통일백서, 1992, pp. 95~96.

약에의 가입을 의미하는 것으로, 유엔헌장 제14조 제1항의 해석상 신규가맹국이 유엔이라는 국제기구에 의하여 국가로 승인받는 효과가 발생하는 것은 별론으로 하고, 그것만으로 곧 다른 가맹국과의 관계에 있어서도 당연히 상호간에 국가 승인이 있었다고 볼 수 없는 것이 현실 국제 정치상의 관례이고 국제법상의 통설적 입장이다. 등을 인용함으로써 국가 승인의 상대적 효력을 지지, 남북한의 유엔 동시 가입과 영토조항이 상호 모순되지 않는다고 보고 있는 실정이다.[65]

남한이 북한을 승인하는 경우 헌법 제3조 영토조항 위반이라고 하는가 하면 일부에서는 본 조항의 문제점에 대해 지적하기를 먼저 대북 정책면에서 실제 상황과의 모순성을 지적하고 있다.

대한민국 헌법상 영토 조항은 완성헌법적 특성으로 통일은 대한민국의 존치를 당위로 하여 북한이 소멸되어 남한 정부에 들어오게 되는 길 이외에 다른 방법이 없다는 것이다. 이는 역대 정부에서의 평화통일론, 7·4공동성명, 6·23평화통일선언, 7·7선언, 한민족공동체통일방안, 남북한 동시 유엔가입 남북한 기본합의서 채택 등 일련의 남북관계 개선 의지에 비추어 볼 때 실제와 괴리되어 있다는 것이다.

다음으로는 현행헌법 전문에 평화적 통일의 명제를 규정하고 총강의 통일조항 제4조에서 평화통일원칙을 명시하고 있어 사실상 영토조항과 맞지 않는다는 것이다. 즉, 북한을 대등한 법적 당사자가 아니라 반국가단체로 전제하면서 평화통일을 실현한다는 것은 논리적으로 모순되며 영토조항과 통일조항 간에는 상충관계가 발생한다는 것이다.

이같은 주장은 남북한의 유엔 동시 가입과 남북 기본합의서가 채

---

65) 대한민국 헌법재판소, 1997. 1. 16, 92헌바 6등.

택된 이래 6·15남북공동선언 및 대북 포용정책 추진 등 남북 관계의 변화 내지 통일 환경 변화에 따라 그 같은 주장이 강해져 왔다. 이러한 주장들은 영토조항의 현실적 규범력을 인정하지 않으려는 성향에 바탕을 두고 있다.

헌법 제3조인 영토조항이 대법원 판례에서 규범력**規範力**에 의해 북한 지역도 대한민국 영토의 일부로서 대한민국의 주권이 북한 지역을 포함한 한반도 전체에 미친다고 보고 있으며 현재의 대한민국은 대한제국의 영토를 계승한 유일한 합법 정부이며, 북한 지역은 불법단체로 인해 미수복 지역으로 남아있는, 단지 현실적으로 통치권이 미치지 못하는 지역으로 보고 있다는 입장이다.

이러한 영토조항이 갖는 정치적 의미는 대한민국의 영역이 대한제국 시대의 국가 영역을 기초로 하는 이전 국가의 승계론이며, 국제평화지향론 측면에서 영토 범위를 명백히 함으로써 타국의 영토에 대한 야심이 없음을 헌법상에 명백히 선언한 것이다. 그리고 대한민국은 한반도의 유일한 합법 정부이며, 휴전선 이북 지역은 반국가 불법단체의 점유지로 미수복 지역이라는 해석론의 합법적 근거로 삼고 있는 것이다.

따라서 남북한이 유엔에 동시 가입하였다거나 남북 기본합의서에 서명하였다고 하여 북한이 반국가 단체가 아니라고 할 수는 없다고 본다. 그리고 영토조항에 의한 통일의 책무 실현에 있어 통일 방안으로 무력에 의한 통일을 배제하는 영토조항은 평화통일조항과 충돌되는 것이 아니며 오히려 이와 조화된다고 할 수 있다.

또한 남북기본합의서의 채택이나 남북교류협력법률을 거론하며 헌법 제3조의 개정과 삭제를 주장하는 논거가 될 수 없는 것이다. 이는 헌법의 하위 규범인 법률에 대하여 헌법을 개폐하는 효력을

인정하는 것과 같은 결과를 가져오기 때문이다.[66]

이에 반해 영토조항과 평화통일조항 간의 모순을 해결하기 위하여 평화통일조항의 영토조항에 대한 우월적 효력을 인정하는 규범 상호 간 가치 우선 순위 이론이 주류를 이루게 하고 있다. 위 두 조항이 충돌하는 경우 헌법규범의 특성상 두 개의 규범에 의해서 표현되는 가치 및 법익을 비교 형량하여 보다 큰 가치와 법익을 가지는 헌법규범에 우선적 효력을 인정함으로써 규범적 효력의 상하관계에 따라 그 상충을 해결할 수 있는 것이다.

이러한 논거에 따라 영토조항에 대한 평화통일조항이 우선시된다는 분단 사실과 국제법상 원칙을 외면한 비현실성에 대한 남북분단 사실 인식과 영토범위는 국가권력이 미치는 공간까지라는 국제법상 원칙 수용이라는 현실성 우선 원칙에 따라 해결해야 한다. 평화통일조항이 영토조항보다 헌법 이념적 전체 질서와 헌법정책상 우선하므로 사실상 영토조항은 사문화되어 규범력을 잃어가고 있어 상호 모순되지 않는다는 견해를 제기하고 있는가 하면 일반법과 특별법 관계에 따라 평화통일조항이 우선한다고 하면서, 헌법변천이론 Verfassungswandlung으로 합리화하는 견해도 제기되고 있다.

다시말해 영토조항에 대해 평화통일조항이 우선이라는 입장은 대한민국의 영토는 남한 지역에 한정되므로 영토조항은 개정되어야 한다는 것이다. 통일 지향적이며, 평화 공존적 체제의 실현을 위해 영토의 범위는 국가권력의 공간적 효력 범위에 국한한다는 국제법적 원칙에 비추어, 영토조항은 명목적인 규정에 불과하며 대한민국의 영토고권과 대인고권이 미치지 않는 북한 지역은 대한민국

---

[66] 최대권, 헌법학 강의, 박영사, 1999, pp. 100~101.

영토가 아니라는 논지가 제기되고 있는 실정이다.

냉전 논리에 바탕한 한반도 유일의 합법정부론은 사실상 휴전선 북방지역에 대해 대한민국의 국가권력이 미치지 못하고 있는 엄연한 현실로 보아 북한 지역을 우리의 영토라고 주장하는 것은 명목적인 것이며 규범력이 없다는 것이다.

이상과 같은 견해들은 헌법상 동일하게 규정되어 있는 조문**條文** 상호 간에 어떤 규정이 먼저 도입되었느냐의 여부가 헌법 해석상 우선권 부여의 기준이 될 수 있다고 보기 어렵고, 무엇이 현실적이고 비현실적이냐의 문제도 주관적인 기준이 될 가능성이 많아 헌법의 개정 이론에는 부합할지는 모르나 헌법상의 영토조항 이론면에서는 부적합하다고 본다.

이러한 견해는 영토조항이 규범적 의미가 없다고 보는 반박 견해로, 한반도에 있어서 대한민국이 유일한 정통 합법정부이며, 한반도 전역에 대해 대한민국의 통치권이 미쳐야 하고, 북한과의 관계는 국가 대 국가의 관계가 아니라 한민족**韓民族** 내부의 특수 관계라는 규범적 의미를 담고 있다.

즉, 현실적으로 국제법상 북한의 존재를 부정할 수 없고 대한민국의 통치권이 북한 지역에 미치지 못해 남한 지역으로 축소되어 있으므로, 헌법은 대한민국의 통치권을 한반도 전역에 미치도록 하기 위해 무력통일이 아니라 평화통일을 채택하고 있다고 보아야 한다.

이러한 관점에서 영토조항은 북한과의 관계가 국가 대 국가의 관계가 아니라 한민족 내부의 관계이며 대한민국이 정통 합법국가임을 대내외적으로 밝히는 헌법제정 권력 주체의 의지적 표현으로 볼 수 있다. 평화통일조항은 이를 실현하기 위한 방법으로 북한을 무력으로 타도해야 할 대상이 아니라 대화와 협력의 관계를 통해 하나의 국가로 지향해야 할 대상으로 인정하고 있는 것으로 보아야 한다.

대한민국의 영토를 남한 지역에 국한한다는 견해는 북한의 존재를 인정하고 냉전논리를 극복하며 헌법 규범의 현실을 일치시킨다는 점에서 타당성이 인정되나 대한민국 영토를 한반도와 그 부속도서로 한다는 조항이 반드시 평화적 방법이 아닌 무력에 의해 진압해야 할 단체로 규정하고 있다고 할 수 있는가, 비록 북한이 대한민국 헌법상 불법단체이긴 하지만 무력에 의하지 않고 평화적 협상을 통해 통일을 실현할 수 있다면 북한을 불법단체라고 하여 북한과의 대화와 협상까지 인정하는 것이 평화통일조항의 의미가 아닌가라고 해석할 수 있으며 이렇게 해석해야 만약 북한이 자체 붕괴되는 경우에도 대한민국의 통치권이 북한의 지역 내에 미칠 수 있다는 것이다.

헌법 제3조는 북한 지역도 대한민국의 영토임을 분명히 하고 있다. 다만 북한 지역에 미치는 대한민국의 주권은 법적인 것으로, 사실상의 지배력은 북한 정권으로 인하여 그곳에 미치지 못하고 있을 뿐이다.

대한민국의 북한 지역에 대한 사실상의 지배력 행사를 방해하는 요인이 제거되는 경우에는 통일헌법의 제정과 같은 특별한 조치가 없이도 북한 지역에 대하여 대한민국이 가지고 있는 잠재적인 권력이 당연히 현재화하게 된다.

chapter **11**

맺는 말

 오늘날의 남북관계는 국가 대 국가간의 관계가 아니라 통일을 지향하는 민족 내부적 특수 관계임을 명심해야 한다. 따라서 우리의 통일 노력은 이같은 대승적(大乘的) 견지에서 이루어져야만 하며, 휴전협정을 통해 우리는 또다시 전쟁의 참화를 불러 오지 못하게 하고 남북 간의 충돌을 최대한 억제해 나가면서 민족화해의 길로 들어서야 한다.
 이러한 견지에서 휴전선은 결코 국경선이 아니며 더욱이 분란의 도화선이 되어서도 안된다. 휴전선은 휴전협정의 준수로 군사분계선으로써 올바르게 지켜져야만 한다.
 그러한 의미에서 현재의 NLL선은 준수, 유지되어야만 하고 이를 훼손하는 일체의 행위는 용납될 수 없다.
 만일 휴전선과 NLL을 훼손하는 어리석음을 범한다면 가공할 사태가 이 땅에서 또 다시 벌어지지 않으리라고 어느 누구도 예단하기 어려울 것이다. 무엇보다 긴장의 파고가 높은 서해 5도 인근지대를 중점방어구역(Critical Defense Zone)으로 설정하여 국가안전보장상 필수구역으로 유지 관리해 나가면서 어떠한 상황하에서도 NLL은 고수되어야만 한다. 요컨대 휴전협정이 준수되고 있는 한 남북한 간에 NLL은 육지의 분계선과 마찬가지의 경계선으로 지켜져야만 한다.

이러한 견지에서 본서는 휴전협정의 기본 정신과 그 내용의 올바른 이해에 도움이 되고자 발간하였으며, 아울러 첨부물로 휴전협정 국문과 영문을 수록해 이 분야에 관심있는 분들에게 참고가 되도록 하였다.

부록

휴전협정 및 휴전협정을 보족하는 잠정협정문

단기4286년 7월 27일 10시 판문점에서 서명

단기4286년 7월 27일 22시 효력 발생

외무부 정보국 조약집 제1집 제5부 **단기4286년 9월 편집**

한국휴전협정전문

국제연합군 총사령관을 일방으로 하고 조선인민군 최고사령관 및 중국인민지원군 사령관을 다른 일방으로 하는 한국군사정전에 관한 협정

緒言

국제연합군 총사령관을 일방으로 하고 조선인민군 최고사령관 및 중국인민지원군 사령관을 다른 일방으로 하는 하기의 서명자들은 쌍방에 막대한 고통과 유혈을 초래한 한국 충돌을 정지시키기 위하여 최후적인 평화적 해결이 달성될 때까지 한국에서의 적대행위와 일체 무장행동의 완전한 정지를 보장하는 정전을 확립할 목적으로 하기 조항에 기재된 정전 조건과 규정을 접수하며 또 그 제약과 통제를 받는 데 각자 공동 상호 동의한다.

이 조건과 규정들의 의도는 순전히 군사적 성질에 속하는 것이며 이는 오직 한국에서의 교전쌍방에만 적용한다.

제1조 군사분계선과 비무장지대

1. 한 개의 군사분계선을 확정하고 쌍방이 이 선으로부터 각기 2km씩 후퇴함으로써 적대군 간에 한 개의 비무장지대를 인정한다. 한 개의 비무장지대를 인정하여 이를 완충지대로 함으로써 적대 행위의 재발을 초래할 수 있는 사건의 발생을 방지한다.
2. 군사분계선의 위치는 첨부한 지도에 표시한 바와 같다.
3. 비무장지대는 첨부한 지도에 표시한 북경계선 및 남경계선으

로써 이를 확정한다.

4. 군사분계선은 하기와 같이 설립한 군사정전위원회의 지시에 따라 이를 명백히 표지한다. 적대 쌍방 사령관들은 비무장지대와 각자의 지역 간의 경계선에 따라 적당한 표지물을 세운다. 군사정전위원회는 군사분계선과 비무장지대의 양 경계선에 따라 설치할 일체 표지물의 건립을 감독한다.

5. 한강하구의 수역水域으로서 그 한쪽 강안江岸이 일방의 통제하에 있고, 그 다른 한쪽 강안이 다른 일방의 통제하에 있는 곳은 쌍방의 민용선박의 항행航行에 이를 개방한다. 첨부한 지도에 표시한 부분의 한강하구의 항행 규칙은 군사정전위원회가 이를 규정한다. 각방 민용선박이 항행함에 있어서 자기 측의 군사통제하에 있는 육지에 배를 대는 것은 제한받지 않는다.

6. 쌍방은 비무장지대 내에서 또는 비무장지대로부터 또는 비무장지대를 향하여 어떠한 적대 행위도 감행하지 못한다.

7. 군사정전위원회의 특정한 허가 없이는 어떠한 군인이나 민간인도 군사분계선을 통과함을 허가하지 않는다.

8. 비무장지대 내의 어떠한 군인이나 민간인도 그가 들어가려고 요구하는 지역 사령관의 특정한 허가 없이는 어느 일방의 군사통제하에 있는 지역에도 들어감을 허가하지 않는다.

9. 민사행정 및 구제사업의 집행에 관계되는 인원과 군사정전위원회의 특정한 허가를 얻어 들어가는 인원을 제외하고는 어떠한 군인이나 민간인도 비무장지대에 들어감을 허가하지 않는다.

10. 비무장지대 내의 군사분계선 이남의 부분에 있어서의 민사

행정 및 구제사업은 국제연합군 총사령관이 책임진다. 비무장지대 내의 군사분계선 이북의 부분에 있어서의 민사행정 및 구제사업은 조선인민군 최고사령관과 중국인민지원군 사령원이 공동으로 책임진다. 민사행정 및 구제사업을 집행하기 위하여 비무장지대에 들어갈 것을 허가받는 군인 또는 민간인의 인원 수는 각방 사령관이 결정한다.

단, 어느 일방이 허가한 인원의 총 수는 언제나 일천 명을 초과하지 못한다. 민사행정 경찰의 인원 및 그가 휴대하는 무기는 군사정전위원회가 규정한다. 기타 인원은 군사정전위원회의 특정한 허가 없이는 무기를 휴대하지 못한다.

11. 본조의 어떠한 규정이든지 모두 군사정전위원회 그의 보조 인원 그의 공동감시소조 및 소조의 보조 인원 그리고 하기와 같이 설립한 중립국감독위원회 그의 보조 인원 그의 중립국시찰소조 및 소조의 보조 인원과 군사정전위원회로부터 비무장지대로 들어갈 것을 특히 허가받은 기타의 모든 인원 물자 및 장비의 비무장지대 출입과 비무장지대 내에서의 이동의 완전한 자유를 방해하는 것으로 해석하여서는 안 된다. 비무장지대 내에 전부 들어 있는 도로로써 연락되지 않는 경우에 이 두 지점 간에 반드시 경과하여야 할 통로를 왕래하기 위하여 어느 일방의 군사통제하에 있는 지역을 통과하는 이동의 편리를 허여許與한다.

제2조 정화 및 정전의 구체적 조치

가. 총칙

12. 적대 쌍방 사령관들은 육·해·공군의 모든 부대와 인원을 포함한 그들의 통제하에 있는 모든 무장역량武裝力量이 한국에 있어서의 일체 적대 행위를 완전히 정지할 것을 명령하고 이를 보장한다. 본항의 적대 행위의 완전 정지는 본 정전협정이 조인된 지 12시간 전후부터 효력을 발생한다. **본 정전협정의 기타 각 항의 규정이 효력을 발생하는 날짜와 시간에 대하여서는 본 정전협정 제63항을 보라.**

13. 군사정전의 확고성을 보장함으로써 쌍방의 한급 높은 정치회의를 진행하여 평화적 해결을 달성하는 것을 이롭게 하기 위하여 적대 쌍방 사령관들은

    ㄱ. 본 정전협정 중에 따로 규정한 것을 제외하고 본 정전협정이 효력을 발생한 후 72시간 내에 그들의 일체 군사역량 보급 및 장비를 비무장지대로부터 철거한다. 군사역량을 비무장지대로부터 철거한 후 비무장지대 내에 존재한다고 알려진 모든 폭파물, 지뢰원, 철조망 및 기타 군사정전위원회 또는 그의 공동감시 소조 인원의 통행안전에 위험이 미치는 위험물들은 이러한 위험물이 없다고 알려져 있는 모든 통로와 함께 이러한 위험물을 설치한 군대의 사령관이 반드시 군사정전위원회에 이를 보고한다.

그 다음에 더 많은 통로를 청소하여 안전하게 만들며, 72시간의 기간이 끝난 후 45일 내에 이러한 모든 위험물은 반드시 군사정전위원회의 지시에 따라 비무장지대 내로부터 제거한다.

72시간의 기간이 끝난 후 군사정전위원회의 감독하에서 45일 이내의 기간 안에 제거 작업을 완수할 권한을 가진 비무장지대의 부대와 군사정전위원회가 특히 요청하였으며, 적대 쌍방 사령관들이 동의한 경찰의 성질을 가진 부대 및 본 정전협정 제10항과 제11항에서 허가한 인원 외에는 쌍방의 어떠한 사람이라도 비무장지대에 들어가는 것을 허가하지 않는다.

ㄴ. 본 정전협정이 효력을 발생한 후 10일 이내에 한국에 있어서의 후방과 연해제도沿海諸島와 해면으로부터 그들의 모든 군사 역량 보급 물자 및 장비를 철거한다. 만일 철거를 연기할 이유 없이, 또 철거 연기를 유효한 이유 없이, 기한이 넘도록 군사 역량을 철거하지 않을 때에는 상대방은 치안을 유지하기 위하여 그가 필요하다고 인정하는 어떠한 행동이라도 취할 권한을 가진다. 상기한 연해 섬이라는 용어는 본 정전협정이 효력을 발생할 때에 비록 일방이 점령하고 있더라도 1950년 6월 24일에 상대방이 통제하고 있던 섬들을 말하는 것이다.

단, 황해도와 경기도의 도계선 북쪽과 서쪽에 있는 모든 섬 중에서 백령도,**북위 37도 58분 동경 124도 40분** 대청도,**북위 37도 50분 동경 124도 42분** 소청도,**북위 37도 46분 동경 124도 46분** 연평도,**북위 37도 38분 동경 125도 40분** 및 우도**북위 37도 36분**

동경 125도 58분의 도서군**島嶼群**들을 국제연합총사령관의 군사통제하에 남겨두는 것을 제외한 기타 모든 섬들은 조선인민군최고사령관과 중국인민지원사령원의 군사 통제하에 둔다.

한국 서해안에 있어서 상기 경계선 이남에 있는 모든 섬들은 국제연합총사령관의 군사통제하에 남겨둔다.

ㄷ. 한국 경외로부터 증원하는 군사 인원이 들어오는 것을 정지한다. 단, 아래에서 규정한 범위 내의 부대와 인원의 윤환임시임무**輪換臨時任務**를 담당한 인원이 한국에 도착하였거나 한국 경외에서 단기 휴가를 하였거나 임시 임무를 담당하였던 인원의 한국에의 귀환은 허가한다.

윤환의 정의는 부대 혹은 인원이 한국에서 복무를 개시하는 다른 부대 혹은 인원과 교체하는 것을 말하는 것이다. 윤환 인원은 오직 본 정전협정 제43항에 열거한 출입항을 경유하여서만 한국에 들어오며, 또 한국으로부터 나갈 수 있다. 윤환은 1인 대 2인의 교환 기초 위에서 진행한다. 단, 어느 일방이든지 어느 일력월내**一曆月內**에 윤환정책**輪換政策**하에서 3만5천 명 이상의 군사 인원은 들여오지 못한다.

만일 본 정전협정 발효일로부터 한국으로부터 들어온 군사 인원의 총수로 하여금 같은 날짜로부터 한국을 떠난 해당측의 군사 인원의 누계 총수를 초과할 때에는 해당측의 어떠한 군사 인원도 한국에 들어올 수 없다. 군사 인원의 한국에의 도착 및 한국으로부터의 이거**離去**에 관하여 매일 군사정전위원회와 중립국감독위원회에 보고한다.

이 보고는 입경入境과 출경出境의 지점 및 매개 지점에서 입경하는 인원과 출경하는 인원의 숫자를 포함한다. 중립국감독위원회는 그의 중립국 감시소조를 통하여 본 정전협정 제43항에 열거한 출입항에서 상기의 허가된 부대 및 인원의 윤환을 감독하며 시찰한다.

ㄹ. 한국 경외로부터 증원하는 작전 비행기, 장갑 차량, 무기 및 탄약이 들어오는 것을 정지한다. 단, 정전 기간에 파괴, 파손, 손모損耗 또는 소모된 작전 비행기, 장갑 차량, 무기 및 탄약은 같은 성능과 같은 유형의 물건을 일대일로 교환하는 전제로 교체할 수 있다.

이러한 작전 비행기, 장갑 차량 무기 및 탄약은 오직 본 정전협정 제43항에 열거한 출입항을 경유해서만 한국으로 들여올 수 있다. 교체의 목적으로 작전 비행기, 장갑 차량, 무기 및 탄약을 한국으로 반입할 필요가 확증된 물건의 매차 반입에 관하여서는 군사정전위원회와 중립국감독위원회에 보고한다.

이 보고 중에서 교체되는 물건의 처리 정형을 설명한다. 교체되어 한국으로부터 나가는 물건은 오직 본 정전협정 제43항에 열거한 반입항에서 상기의 허가된 작전 비행기, 장갑 차량, 무기 및 탄약의 교체를 감독하며 시찰한다.

ㅁ. 본 정전협정 중의 어떠한 규정으로든지 위반할 시에는 각자의 지휘하에 있는 인원을 적당히 처벌할 것을 보장한다.

ㅂ. 매장 지점이 기록에 있고 분묘가 확실히 존재하고 있다는 것이 판명된 경우에는 본 정전협정의 효력이 발생한 후 일정한 기한 내에 그의 군사통제하에 있는 한국 지역에 상대방의 분묘 등록 인원이 들어오는 것을 허가하며, 분묘 소재지에 가서 이미 죽은 전쟁포로와 죽은 군사 인원의 시체를 발굴하고 반출해 가도록 한다. 상기 사업을 진행하는 구체적 방법과 기한은 군사정전위원회가 결정한다. 적대 상대방 사령관들은 상대방의 죽은 군사 인원의 매장 지점과 관계되는 일체 자료를 상대방에 제공한다.

ㅅ. 군사정전위원회와 그의 공동감시소조 및 중립국감독위원회와 중립국감시소조가 하기와 같이 지정한 그들의 직책과 임무를 집행할 때에 충분한 보호 및 일체의 가능한 방조와 협력을 한다.

중립국감독위원회 및 그의 중립국감시소조 쌍방이 합의한 주요 교통선을 경유하여 중립국감독위원회본부와 본 정전협정 제43항에 열거한 출입 항간을 왕래할 때, 또 중립국감독위원회본부와 본 정전협정 위반 사례건이 발생하였다고 보고된 지점 간을 왕래할 때에는 충분한 통행상의 편리를 준다. 불필요한 지연을 방지하기 위하여 주요 교통선이 막히거나 통행할 수 없는 경우에는 다른 통로와 수송기재를 사용할 것을 허가한다.

ㅇ. 군사정전위원회 및 중립국감독위원회와 그 각자에 속하는 소조에 요구되는 통신 및 운수상 편리를 포함한 보급상의 원조를 제공한다.

ㅈ. 군사정전위원회 본부 부근 비무장지대 내의 자기측 지역에 각각 1개의 적당한 비행장을 건설 관리 및 유지한다. 그 용도는 군사정전위원회가 결정한다.

ㅊ. 중립국감독위원회와 하기와 같이 설립한 중립국소환위원회의 전체 위원 및 기타 인원이 모두 자기의 직책을 적당히 집행함에 필요한 자유와 편리를 가지도록 보장한다. 이에는 인가된 외부 인원이 국제관례에 따라 통상적으로 향유하는 바와 동등한 특권 대우 및 면제권을 포함한다.

14. 본 정전협정은 쌍방의 군사통제하에 있는 적대중의 일체 지상 군사 역량에 적용되며 이러한 지상 군사 역량은 비무장지대와 상대방의 군사통제하에 있는 한국 지역을 존중한다.

15. 본 정전협정은 적대중의 일체 해상 군사 역량에 적용되며 이러한 해상 군사 역량은 비무장지대와 상대방의 군사통제하에 있는 한국 육지에 인접한 해면을 존중하며 한국에 대하여 어떠한 종류의 봉쇄도 하지 못한다.

16. 본 정전협정은 적대중의 일체 공중 군사 역량에 적용되며 이러한 공중 군사 역량은 비무장지대와 상대방의 군사통제하에 있는 한국 지역 및 이 양 지역에 인접한 해면의 상공을 존중한다.

17. 본 정전협정의 조항과 규정을 준수하며 집행하는 책임은 본 정전협정에 조인한 자와 그의 후임 사령관에게 속한다. 적대 쌍방 사령관들은 각각 그들의 지휘하에 있는 군대 내에서 일체의 필요한 조치와 방법을 취함으로써 그 모든 소속부대 및 인원이 본 정전협정의 전체 규정을 철저히 준수하는 것을 보

장한다. 적대 쌍방 사령관들은 군사정전위원회 및 중립국감독위원회와 적극 협력함으로써 본 정전협정 규정상의 문구와 정신을 준수하도록 한다.

18. 군사정전위원회와 중립국감독위원회 및 그 각자에 속하는 소조의 사업 비용은 적대 쌍방이 균등하게 부담한다.

나. 군사정전위원회

19. 군사정전위원회를 설립한다.
20. 군사정전위원회는 10명의 고급장교로 구성하되, 그중의 5명은 국제연합군총사령관이 임명하며, 그중의 5명은 조선인민군최고사령관과 중국인민지원군사령원이 공동으로 임명한다. 위원 10명 중에서 각방의 3명은 장급將級에 속하여야 하며 각방의 나머지 2명은 소장, 준장, 대령 혹은 그와 동급인 자로 할 수 있다.
21. 군사정전위원회의 위원은 그 필요에 따라 참모보조위원을 사용할 수 있다.
22. 군사정전위원회는 필요한 행정 인원을 배치하여 비서처를 설치하되 그 임무는 동위원회의 기록서기 통역 및 동위원회가 지정하는 기타의 직책 집행을 협조하는 것이다. 쌍방은 각 비서처에 비서장 1명, 보조비서장 1명 및 비서처에 필요한 서기 및 전문기술인원을 임명한다. 기록은 영문, 한국문, 중국문으로 작성하되 세가지 글은 동등한 효력을 가진다.
23. ㄱ. 군사정전위원회는 처음에는 10개의 공동감시소조를 두어 그 협조를 받는다. 소조의 수는 군사정전위원회의 쌍

방 수석위원의 합의를 거쳐 감소할 수 있다.

ㄴ. 매개의 공동감시소조는 4명 내지 6명의 영급장교로 구성하되 그중의 반수는 국제연합군 총사령관이 임명하며, 그중의 반수는 조선인민군 최고사령관과 중국인민지원군사령원이 공동으로 임명한다. 공동감시소조의 사업상 필요한 운전수, 서기, 통역 등의 부속 인원은 쌍방이 제공한다.

二. 직책과 권한

24. 군사정전위원회의 전반적 임무는 본 정전협정의 실시를 감독하며 본 정전협정의 어떠한 위반 사건이든 협의하여 처리한다.

25. 군사정전위원회의

　ㄱ. 본부를 판문점**북위 37도 57분 19초 직경 126도 40분** 부근에 설치한다. 군사정전위원회는 동 위원회의 쌍방 수석위원의 합의를 거쳐 그 본부를 비무장지대 내의 다른 지점에 이설할 수 있다.

　ㄴ. 공동기구로써 사업을 진행하며 의장을 두지 않는다.

　ㄷ. 그가 수시로 필요하다고 인정하는 절차 규정을 채택한다.

　ㄹ. 본 정전협정 중 비무장지대와 한강하구에 관한 각 규정의 집행을 감독한다.

　ㅁ. 공동감시소조의 사업을 지도한다.

　ㅂ. 본 정전협정의 어떠한 위반 사건이든지 협의하여 처리한다.

ㅅ. 중립국감독위원회로부터 받은 본 정전협정 위반 사건에 관한 일체 조사보고 및 일체 기타보고와 회의기록은 즉시 적대 쌍방 사령관들에게 전달한다.

ㅇ. 하기한 바와 같이 설립한다. 전쟁포로송환위원회와 실향사민귀향협조위원회의 사업을 전반적으로 감독하며 지도한다.

ㅈ. 적대 쌍방 사령관 간에 통신을 전달하는 중개 역할을 담당한다. 단, 상기의 규정은 쌍방 사령관들이 사용하고자 하는 어떠한 다른 방법을 사용하여 호상통신을 전달하는 것을 배제하는 것으로 해석할 수 있다.

ㅊ. 그의 공작 인원과 그의 공동감시소조의 증명 문건 및 휘장 또 그 임무 집행 시에 사용하는 일체의 차량, 비행기, 선박의 식별표지를 발급한다.

26. 공동감시소조의 임무는 군사정전위원회가 본 정전협정 중의 비무장지대 및 한강하구에 관한 각 규정의 집행을 감독함을 집행하는 것이다.

27. 군사정전위원회 또는 그중의 어느 일방의 수석위원은 공동감시소조를 파견하여 비무장지대나 한강하구에서 발생하였다고 보고된 본 정전협정 위반 사건을 조사할 권한을 가진다. 단, 동 위원회 중의 어느 일방의 수석위원이든지 언제나 군사정전위원회가 아직 파견하지 않은 공동감시소조의 반수 이상을 파견할 수 없다.

28. 군사정전위원회 또는 동위원회의 어느 일방의 수석위원은 중립국감독위원회에 요청하여 본 정전협정 위반 사건이 발생하였다고 보고된 비무장지대 이외의 지점에 가서 특별한

감시 시찰을 행할 권한을 가진다.

29. 군사정전위원회가 본 정전협정 위반 사건이 발생하였다고 확정할 때에는 즉시 그 위반 사건을 적대 쌍방 사령관들에게 보고한다.
30. 군사정전위원회가 본 정전협정의 어떠한 위반 사건이 만족하게 시정되었다고 확정할 때에는 이를 적대 쌍방 사령관들에게 보고한다.

三. 총칙

31. 군사정전위원회는 매일 회의를 연다. 쌍방의 수석위원은 합의하여 7일을 넘지 않은 휴회를 할 수 있다. 단, 어느 일방의 수석위원이든지 24시 직전에 통고로 이 휴회를 끝낼 수 있다.
32. 군사정전위원회의 일체 회의기록의 부본은 매번 회의 후 될 수 있는 대로 속히 적대 쌍방 사령관에게 송부한다.
33. 공동감시소조는 군사정전위원회의에 동 위원회가 요구하는 전기보고를 제출하며, 또 이 소조들이 필요하다고 인정하거나 동 위원회가 요구하는 특별보고를 제출한다.
34. 군사정전위원회 위원은 본 정전협정에 규정한 보고 및 회의기록의 문건철 두 벌을 보관한다. 동 위원회는 그 사업진행에 필요한 기타의 보고기록 등의 문건철 두 벌을 보관할 권한을 가진다. 동 위원회의 최후 해산 시에는 상기 문건철을 쌍방에 각 한 벌씩 나누어준다.
35. 군사정전위원회는 적대 쌍방 사령관들에게 본 정전협정의 수정 또는 증보에 대한 건의를 제출할 수 있다. 이러한 개정

건의는 쌍방적으로 더 유효한 정전을 보장할 것을 목적으로 하는 것이어야 한다.

다. 중립국감독위원회

一. 구성

36. 중립국감독위원회를 설립한다.
37. 중립국감독위원회는 4명의 고급장교로 구성하되 그중의 2명은 국제연합군최고사령관이 지명한 중립국, 즉 서전瑞典 및 서서瑞西가 이를 임명하며, 그중의 2명은 조선인민군최고사령관과 중국인민지원군사령원이 공동으로 지명한 중립국, 즉 파란波蘭 및 체코슬로바키아가 임명한다. 본 정전협정에서 중립국이라는 용어의 정의는 그 전투부대가 한국에서의 적대 행위에 참가하지 않은 국가를 말하는 것이다.

동 위원회에 임명되는 위원은 임명하는 국가의 무기부대로부터 파견될 수 있다. 매개위원은 후보위원 1명을 지정하여 그 정위원이 어떤 이유로 출석할 수 없게 되는 회의에 출석하게 한다. 이러한 후보위원은 그 정위원과 동일한 국적에 속한다. 일방이 지명한 중립국위원의 출석자 수와 다른 일방이 지명한 중립국 위원의 출석자 수가 같을 때에는 중립국감독위원회는 곧 행동을 취할 수 있다.
38. 중립국감독위원회의 위원은 그 필요에 따라 각기 해당 중립국가가 제공한 보조인원을 사용할 수 있다. 이러한 참모 보조인원은 본 위원회의 후보위원으로 임명될 수 있다.
39. 중립국감독위원회에 필요한 행정인원을 제공하도록 중립국

에 요청하여 비서처를 설치하되 그 임무는 동 위원회에 필요한 기록 서기 통역 및 동 위원회가 지정하는 기타 직책의 집행을 협조하는 것이다.

40. ㄱ. 중립국감독위원회는 처음에는 20개의 중립국시찰소조를 두어 그 협조를 받는다. 소조의 수는 군사정전위원회의 쌍방 수석위원회의 합의를 거쳐 감소할 수 없다. 중립국시찰소조는 오직 중립국감독위원회에 대하여서만 책임을 지며, 보고하고 지도를 받는다.

ㄴ. 매개 중립국시찰소조는 최소 4명의 장교로 구성하되 이 장교는 영급으로 하는 것이 적당하며 그중의 반수는 국제연합군최고사령관이 지명한 중립국에서 내고, 그중의 반수는 조선인민군최고사령관과 중국인민지원군사령원이 공동으로 지명한 중립국에서 낸다.

중립국시찰소조에 임명되는 조원은 임명하는 국가의 무장부대에서 낼 수 있다. 각 소조의 직책집행을 편리하게 하기 위하여 정황의 요구에 따라 최소 2명의 조원으로 구성하는 분조를 설치할 수 있다. 그 두 조원 중의 1명은 국제연합군최고사령관이 지명한 중립국에서 내며, 1명은 조선인민군최고사령관과 중국인민지원군사령원이 공동으로 지명한 중립국에서 낸다.

운전수, 서기, 통역, 통신원과 같은 부속인원 및 각 소조의 임무집행에 필요한 비품은 각방 사령관이 비무장지대 내에서나 자기측 군사통제 지역 내에서 수요에 따라 공급한다. 중립국감독위원회는 동위원회 자체와 중립국시찰소조들에 그가 요망하는 상기의 인원 및 비품을 제공할 수 있다. 단, 이러한 인원은 중립국감독위원회를 구성한 중립국의 인원이어야 한다.

二. 직책과 권한

41. 중립국감독위원회의 임무는 본 정전협정 제13항 ᄃ목, 제13항 ᄅ목, 및 제28항에 규정한 감독 시찰 및 조사의 결과를 군사정전위원회에 보고하는 것이다.
42. 중립국감독위원회는
    ᄀ. 본부를 군사정전위원회 본부의 부근에 설치한다.
    ᄂ. 그가 수시로 필요하다고 인정하는 절차 규정을 선택한다.
    ᄃ 그 위원회 및 중립국시찰소조를 통하여 본 정전협정 제43항에 규정한 감독과 시찰을 진행하며, 본 정전협정 위반 사건이 발생하였다고 보고된 지점에서 본 정전협정 제28항에 규정한 특별감시와 시찰을 진행한다. 작전 비행기, 장갑 차량, 무기 및 탄약에 대한 중립국시찰 소조의 시찰은 소조로 하여금 증원하는 작전 비행기, 장갑 차량, 무기 및 탄약을 한국으로 들어올 수 없도록 확실히 보장하게 한다. 단, 이 규정은 작전 비행기, 장갑 차량, 무기 또는 탄약의 어떠한 비밀설계 또는 특점을 시찰 또는 검사할 권한을 주는 것으로 해석할 수 없다.
    ᄅ. 중립국시찰소조의 사업을 지도하며 감독한다.
    ᄆ. 국제연합군최고사령관의 군사통제지역 내에 있는 본 정전협정 제43항에 열거한 출입항에 5개의 중립국시찰소조를 주재시키며, 조선인민군최고사령관과 중국인민지

원군사령원의 군사통제지역 내에 있는 본 정전협정 제43항에 열거한 출입항에 5개의 중립국시찰소조를 주재시킨다. 처음에는 따로 10개의 중립국이동시찰소조를 후비로 설치하되 중립국감독위원회본부 부근에 주재시킨다. 그 수는 군사정전위원회의 쌍방 수석위원의 합의를 거쳐 감소할 수 있다. 중립국이동시찰소조중 군사정전위원회의 어느 일방 수석위원의 요청에 의하여 파견하는 소조는 언제나 그 반수를 초과할 수 없다.

ㅂ. 보고된 본 정전협정 위반 사건에 대한 조사를 포함한다.

ㅅ. 그의 공작 인원과 그의 중립국시찰소조의 증명문건 및 휘장도 그 임무집행 시에 사용하는 일체 차량, 비행기, 선박의 식별표지를 발급한다.

43. 중립국시찰소조는 좌기한 각 출입항에 주재한다. 국제연합군의 군사통제지역(인천,**북위 37도 38분 동경 126도 38분** 대구,**북위 35도 52분 동경 128도 36분** 부산,**북위 35도 06분 동경 129도 02분** 강릉,**북위 37도 45분 동경 128도 54분** 군산**북위 35도 59분 동경 126도 43분**)과 조선인민군최고사령관과 중국인민지원군사령원의 군사통제지역(신의주,**북위 41도 06분 동경 124도 24분** 청진,**북위 41도 46분 동경 127도 37분** 흥남,**북위 39도 50분 동경 127도 37분** 만포,**북위 41도 9분 동경 126도 18분** 신안주,**북위 39도 36분 동경 125도 36분**)의 중립국시찰소조들은 첨부한 지도에 표시한 지역 내와 교통선에서 통행상 충분한 편리를 받는다.

44. 중립국감독위원회는 매일 회의를 연다. 중립국감독위원회 위원은 합의하여 7일을 넘지 않는 휴회를 할 수 있다. 단, 어느 위원이든지 24시간 전에 통고로써 이 휴회를 끝낼 수

있다.

45. 중립국감독위원회의 일체 회의 기록의 부본은 매번 회의 후 될 수 있는대로 속히 군사정전위원회에 송부한다. 기록은 영문, 한국문, 중국문으로 작성한다.

46. 중립국시찰소조는 그의 감독, 감시 및 조사의 결과에 관하여 중립국감독위원회가 요구하는 전기보고를 동 위원회에 제출하며, 이 소조들이 필요하다고 인정하거나 동 위원회가 요구하는 특별보고를 제출한다. 보고는 소조총체가 이를 제출한다. 단, 그 소조의 개별적 조원 1명 또는 수명이 이를 제출할 수 있다. 개별적 조원 1명 또는 수명이 제출한 보고는 다만 참고적 보고로 간주한다. 중립국감독위원회는 중립국시찰소조가 제출한 보고의 부본을 그가 접수한 보고에 사용된 글로써 지체없이 군사정전위원회에 송부한다. 이러한 보고는 번역 또는 심의결정 수속 때문에 지체시킬 수 없다.

47. 중립국감독위원회는 가능한 한 속히 보고를 심의결정하며 그의 판정서를 우선 군사정전위원회에 송부한다. 중립국감독위원회의 해당 심의결정을 접수하기 전에 군사정전위원회는 어떠한 보고에 대하여서도 최종적 행동을 취하지 못한다. 군사정전위원회의 어느 일방 수석위원의 요청이 있을 때에는 중립국감독위원회의 위원과 그 소조의 조원은 곧 군사정전위원회에 참석하여 제출된 어떠한 보고에 대하여서든지 설명한다.

48. 중립국감독위원회는 본 정전협정이 규정하는 보고 및 회의 기록의 문건철 두 벌을 보관한다. 동 위원회는 그 사업통행에 필요한 기타의 보고기록 등의 문건철 두 벌을 보관할 권

한을 가진다. 동 위원회의 최후 해산 시에는 상기 문건철을 쌍방에 각 한 벌씩 나누어준다.

49. 중립국감독위원회는 군사정전위원회에 본 정전협정의 수정 또는 증보에 관한 건의를 제출할 수 있다. 이러한 개정 건의는 일반적으로 더 유효한 정전을 보장할 것을 목적으로 하는 것이어야 한다.

50. 중립국감독위원회 또는 동 위원회의 매개 위원은 군사정전위원회의 임의의 위원과 통신연락을 취할 권한을 가진다.

제3조 전쟁포로에 관한 조치

51. 본 정전협정의 효력을 발생하는 당시의 각방이 수용하고 있는 전체 전쟁포로의 석방과 송환은 본 정전협정 조인 전에 쌍방이 합의한 하기 규정에 따라 집행한다.

　ㄱ. 본 정전협정이 효력을 발생한 후 60일 이내에 각방은 그 수용하에 있는 송환을 견지하는 전체 전쟁포로를 포로가 되었을 당시의 그들이 속한 일방에 집단적으로 나누어 직접 송환 인도하며, 어떠한 장애도 가하지 못한다. 송환은 본조의 각항 관계규정에 의하여 완수한다.
　　이러한 인원의 송환 수속을 촉진시키기 위하여 각방은 정전협정 조인 전에 직접 송환할 인원의 국적별로 분류한 총수를 교환한다. 상대방에 인도되는 전쟁포로의 각 집단은 국적별로 작성한 명부를 휴대하되 이에는 성명, 계급계급이 있으면 및 수용번호 또는 군번호를 포함한다.

ㄴ. 각방은 직접 송환하지 않은 나머지 전쟁포로를 그 군사 통제와 수용하로부터 석방하여 모두 중립국송환위원회에 넘겨 본 정전협정부록(중립국송환위원회직권의 범위)의 각조의 규정에 의하여 처리케 한다.

ㄷ. 세 가지 글을 병용함으로 인해 발생할 수 있는 오해를 피하기 위하여 본 정전협정의 용어로써 일방이 전쟁포로를 상대방에 그 전쟁포로의 국적과 거주지의 여하를 불문하고 영문 중에는 'REPATRIATION', 한국문 중에는 '송환送還', 중국문에서는 '견반遣返'이라고 규정한다.

52. 각방은 본 정전협정의 효력 발생에 의하여 석방되며 송환되는 어떠한 전쟁포로든지 한국 충돌 중의 전쟁 행동에 사용하지 않을 것을 보장한다.

53. 송환을 견지하는 전체 병상 전쟁포로는 우선적으로 송환한다. 가능한 범위 내에서 포로된 의무 인원을 병상포로와 동시에 송환하여 도중에서 의료와 간호를 제공하도록 한다.

54. 본 정전협정 제51항에 규정한 전체 전쟁포로의 송환은 본 정전협정이 효력을 발생한 후 60일의 기한 내에 완료한다. 이 기한 내에 각방은 책임을 지고 그가 수용하고 있는 상기 전쟁포로의 송환을 가능한 한 속히 완료한다.

55. 판문점을 쌍방의 전쟁포로의 인도 인수지점으로 정한다. 필요할 시 전쟁포로송환위원회는 기타의 전쟁포로 인도 인수지점을 비무장지대 내에 증설할 수 있다.

56. ㄱ. 전쟁포로송환위원회를 설립한다. 동 위원회는 영급^{領級} 장교 6명으로 구성하되, 그중 3명을 국제연합총사령관이 임명하며, 그중 3명은 조선인민군최고사령관과 중국인민지원군사령원이 공동으로 임명한다.

동 위원회는 군사정전위원회의 전반적 감독과 지도하에 책임지고 쌍방의 전쟁포로 송환에 관계되는 구체적 계획을 조절하며, 쌍방이 본 정전협정 중의 전쟁포로 송환에 관계되는 일체의 규정을 실시하는 것을 감독한다.

동 위원회의 임무는 전쟁포로들이 쌍방 전쟁포로 수용소로부터 전쟁포로 인도 인수 지점에 도달하는 시간을 조절하며, 필요할 시에는 병상 전쟁포로의 수용 및 복리에 요구되는 특별한 조치를 취한다. 또한 본 정전협정 제57항에서 설립된 공동적십자소조의 전쟁포로협조사업을 조절하며 본 정전협정 제53항과 제54항에 규정한 전쟁포로 실제 송환 조치의 실시를 감독한다. 필요할 시에는 추가적 전쟁포로 인도 인수 지점의 안전조치를 취하며 전쟁포로 송환에 필요한 기타 관계임무를 집행한다.

ㄴ. 전쟁포로송환위원회는 그 임무에 관계되는 어떠한 사항에 대하여 합의에 도달하지 못할 때에는 이러한 사항을 즉시 군사정전위원회에 제기하여 결정하도록 한다. 전쟁포로송환위원회가 전쟁포로 송환 계획을 완수한 때에는 군사정전위원회가 즉시 이를 해산시킨다.

57. ㄱ. 본 정전협정의 효력이 발생한 후 즉시 국제연합군의 군

대를 제공하고 있는 각국의 적십자사 대표를 일방으로 하고 조선민주주의 인민공화국적십사대표와 중화인민공화국적십자사 대표를 다른 일방으로 하여 조직되는 공동적십자사소조를 설립한다. 공동적십자사소조는 전쟁포로의 복리에 요구되는 인도주의적 복무로써 쌍방이 본 정전협정 제51항 ㄱ목에 규정한 송환을 견지하는 전체 전쟁포로의 송환에 관계되는 규정을 집행하는 것을 협조한다. 이 임무를 완수하기 위하여 동 적십자소조는 전쟁포로 인도 인수 지점에서 쌍방의 전쟁포로 인도 인수 사업을 협조하여 쌍방의 전쟁포로수용소를 방문하여 위문하며, 전쟁포로의 위문과 전쟁포로의 복리를 위한 선물을 가지고 가서 분배한다. 공동적십자사소조는 전쟁포로수용소에서 전쟁포로 인도 인수 지점으로 가는 도중에 있는 전쟁포로에게 복무를 제공할 수 있다.

ㄴ. 공동적십자사소조는 다음과 같은 규정에 의하여 조직한다.

(1) 한 소조는 각방의 본국 적십자사로부터 각기 대표 10명씩을 내어 쌍방 합하여 20명으로 구성하며, 전쟁포로 인도 인수 지점에서 쌍방의 전쟁포로의 인도 인수를 협조한다. 동 소조의 의장은 쌍방 적십자사 대표가 매일 윤번으로 담당한다. 동 소조의 사업과 복무는 전쟁포로송환위원회가 이를 조절한다.

(2) 한 소조는 각방의 본국 적십자사로부터 각기 대표 30명씩을 내어 쌍방 합하여 60명으로 구성하며, 조선인민군 및 중화인민지원군 관리하에 전쟁포로수

용소를 방문하며, 또 전쟁포로수용소에서 전쟁포로 인도 인수 지점으로 가는 도중에 있는 전쟁포로에게 복무를 제공할 수 있다.

(3) 국제연합군에 군대를 제공하고 있는 한 나라의 적십자사 대표가 동 소조의 의장을 담당한다.

(4) 각 공동적십자사소조의 임무집행의 편의를 위하여 최소 2명의 소조원으로 구성하는 분조를 설립할 수 있다. 분조 내에서 각방은 동등한 수의 대표를 가진다.

(5) 각방 사령관은 그의 군사통제지역 내에서 사업하는 공동적십자소조의 운전수, 서기, 통역과 같은 부속인원 및 소조가 임무집행상 필요로 하는 장비를 공급한다.

(6) 어떠한 공동적십자사소조든지 동 소조의 쌍방 대표가 동의할 때에는 그 인원수를 증감할 수 있다. 이는 전쟁포로송환위원회의 인가를 얻어야 한다.

ㄷ. 각방 사령관은 공동적십자사소조가 그의 임무를 집행하는데 충분한 협조를 하며 또 그의 군사통제지역 내에서 책임지고 공동적십자사소조인원들의 안전을 보장한다. 각방 사령관들은 그의 군사통제지역 내에서 사업하는 이러한 소조에 요구되는 보급행정 및 통신상의 편의를 준다.

ㄹ. 공동적십자사소조는 본 정전협정 제51항에 규정한 송환을 견지하는 전체 전쟁포로의 송환 계획이 완수되었을 시에는 즉시 해산한다.

58. ㄱ. 각방 사령관들은 가능한 범위 내에서 속히, 그러나 본 정전협정이 효력을 발생한 후 10일 이내에 상대방 사령관에게 다음과 같은 전쟁포로에 관한 자료를 제공한다.

    (1) 제일 마지막에 교환한 자료의 마감한 날자 이후에 도망한 전쟁포로에 관한 완전한 자료

    (2) 실제로 실행할 수 있는 범위 내에서 수용기간 중에 사망한 전쟁포로의 성명, 국적, 계급 및 기타의 식별 자료, 또한 사망날짜, 사망원인 및 매장 지점에 관한 자료

  ㄴ. 만일 위에 규정한 보충자료의 마감한 날짜 이후에 도망하였거나 사망한 전쟁포로가 있으면 수용한 일방은 본조 제58항 ㄱ의 규정에 의하여 관계자료를 전쟁포로송환위원회를 거쳐 상대방에 제공한다. 이러한 자료는 전쟁포로 인도 인수 계획을 완수할 때까지 10일에 1차씩 제공한다.

  ㄷ. 전쟁포로 인도 인수 계획을 완수한 후에 본래 수용하고 있던 일방에 다시 돌아온 어떠한 전쟁포로도 이를 군사정전위원회에 넘겨 처리한다.

59. ㄱ. 본 정전협정이 효력을 발생하는 당시에 국제연합군총사령관의 군사통제지역에 있는 자로써 1950년 6월 24일에 본 정전협정에 확정된 군사분계선 이북에 거주한 전체 사민에 대하여서는 그들이 귀향하기를 원한다면 국제연합군총사령관은 그들이 군사분계선이북 지역에 돌아가는 것을 허용하며 협조하여야 한다.

    본 정전협정이 효력을 발생하는 당시에 조선인민군

총사령관과 중국지원군사령원의 군사통제지역에 있는 자로써 1950년 6월 24일에 본 정전협정에 확정된 군사분계선 이남에 거주한 전체 사민에 대하여서는 그들이 귀향하기를 원한다면 조선인민군 총사령관과 중국지원군사령원은 그들이 군사분계선 이남 지역에 돌아가는 것을 허용하며 협조한다. 각방 사령관은 책임지고 본목 규정의 내용을 그의 군사통제지역에 광범하게 선포하며, 또 적당한 민정당국을 시켜 귀향하기를 원하는 이러한 전체 사민에게 필요한 지도와 협정을 주도록 한다.

ㄴ. 본 정전협정이 효력을 발생하는 당시에 조선인민군총사령관과 중국지원군사령원의 군사통제지역에 있는 전체 외국적의 사민 중 국제연합군총사령관의 군사통제지역으로 가기를 원하는 자에게는 그가 국제연합군총사령관의 군사통제지역으로 가는 것을 허용하며 협조한다. 본 정전협정이 효력을 발생하는 당시에 국제연합군총사령관의 군사통제지역에 있는 전체 외국적의 사민 중 조선인민군 총사령관과 중국지원군사령원의 군사통제지역으로 가기를 원하는 자에게는 그가 총사령관과 중국지원군사령원의 군사통제지역으로 가는 것을 허용하며 협조한다. 각방 사령관은 군사통제지역으로 가는 것을 허용하며 협조한다. 각방 사령관은 책임지고 본목 규정의 내용을 그의 군사통제지역에 광범하게 선포하며 또 적당한 민정당국을 시켜 상대방 사령관의 군사통제지역으로 가기를 원하는 전체 외국적의 사민에게 필요한 지도와 협조를 주도록 한다.

ㄷ. 쌍방이 본조 제59항 ㄱ항목에 규정한 사민의 귀향과 본조 제59항 ㄴ항목에 규정한 사민의 이동을 협조하는 조치는 본 정전협정이 효력을 발생한 후 될 수 있는 한 속히 개시한다.

ㄹ. (1) 실향사민귀향협조위원회를 설립한다. 동 위원회는 영급장교 4명으로 구성하되, 그중 2명은 국제연합군총사령관이 임명하며, 그중 2명은 조선인민군 총사령관과 중국지원군사령원이 공동으로 임명한다. 동 위원회는 군사정전위원회의 전반적 감독과 지도 아래 책임지고 상기 사민의 귀향을 협조하는 데 관계되는 쌍방의 구체적 계획을 조절하며, 또 상기 사민의 귀향에 관계되는 본 정전협정 중의 일체 규정을 쌍방이 집행하는 것을 감독한다. 동 위원회의 임무는 운수조치를 포함한 필요한 조치를 취함으로써 상기 사민의 이동을 촉진 및 조절하며, 상기 사민이 군사분계선을 통과하는 월경지점을 선정하며, 월경지점의 안전조치를 취한다. 또 상기 사민 귀향을 완료하기 위하여 필요한 기타 임무를 집행한다.

(2) 실향사민귀향협조위원회는 그의 임무에 관계되는 어떠한 사항이든지 합의에 도달할 수 없을 때에는 이를 곧 군사정전위원회에 제공하여 결정하게 한다. 실향사민귀향협조위원회는 그의 본부를 군사정전위원회의 본부 부근에 설치한다. 실향사민귀향협조위원회가 그의 임무를 완수할 때에는 군사정전위원회

가 즉시 이를 해산시킨다.

제4조. 쌍방 관계 정부들에의 건의

60. 한국문제의 평화적 해결을 보장하기 위하여 쌍방 군사 사령관은 쌍방의 관계 각국 정부에 정전협정이 조인되고 효력을 발생한 후 3개월 내에 각기 대표를 파견하여 쌍방의 한급 높은 정치회의를 소집하고 한국으로부터의 모든 외국군대의 철거 및 한국문제의 평화적 해결 등의 문제를 협의할 것을 이에 건의한다.

제5조. 부칙

61. 본 정전협정에 대한 수정과 증보는 반드시 적대 쌍방 사령관들의 호상합의를 거쳐야 한다.
62. 본 정전협정의 각 조항은 쌍방이 공동으로 접수하는 수정 및 증보 또는 쌍방의 정치적 수준에서의 평화적 해결을 위한 적당한 협정 중의 규정에 의하여 명확히 교체될 때까지 계속 효력을 가진다.

63. 제12항을 제외한 본 정전협정의 일체 규정은 1953년 월 일 시부터 효력을 발생한다. 1953년 월 일 시에 한국 판문점에서 영문, 한국문, 중국문으로 작성한다. 이 세가지 글의 각 협정 본문은 동등한 효력을 가진다.

국제연합군총사령관 미국육군대장 마-크 W. 크라크
조선민주주의 인민공화국 원수 김일성
중국인민지원군사령원 팽 덕회
참석자 국제연합군대표단 수석대표 미국육군중장 윌리암 K 해리슨
조선인민군 및 중국인민지원군 대표단 수석대표 조선인민군대장 남일

제1조. 총칙

1. 전체 전쟁포로로 하여금 정전 후 피송환권 행사의 기회를 가지도록 보장하기 위하여 쌍방은 서서瑞西 서전瑞典 파란波蘭 체코슬로바키아 및 인도에 각각 1명씩의 위원을 임명하도록 요청하여 중립국송환위원회中立國送還委員會를 설립하고 동 위원회는 억류측의 관리하에 있는 동안 피송환권을 행사하지 않는 전쟁포로를 한국에서 수용한다. 중립국송환위원회는 그 본부를 비무장지대 내의 판문점 부근에 두며 중립국송환위원회와 동일한 구성을 가진 종속기관을 동 위원회가 전쟁포로를 책임지고 관리하는 각 지점에 주재시킨다. 중립국송환위원회와 그의 종속기관의 사업을 참관하는 것을 쌍방 대표들에게 허락한다. 이에는 해설과 면회를 포함한다.
2. 중립국송환위원회의 직무와 책임의 수행을 협조하는 데 필요한 충분한 무장 역량과 기타 일체 공작원은 인도가 전적으로 제공하며, 제네바협약 제132조의 규정에 의하여 인도 대표는 공증인이 되며, 동 대표는 중립국송환위원회의 의장과 집행자가 된다.

　　기타 4개국의 대표는 각각 50명을 넘지 않는 동수의 참모보조인원을 가지는 것을 허락한다. 각 중립국의 대표가 사고로 인하여 결석할 때에는 동 대표는 자기와 동일한 국적을 가진 자를 후보대표로 지정하여 그의 직권을 대행하게 한다.

　　본항에 규정한 일체 인원의 무기는 경무원용 소형무기에 한한다.

3. 상기 제1항에 규정한 전쟁포로의 송환을 방해 또는 수행하기 위하여 무력을 사용하거나 무력으로써 위협하지 못한다. 어떠한 방식으로도 여하한 목적을 위하여서도 전쟁포로의 인신에 대하여 폭력을 사용하거나 그들의 존엄이나 자존심을 훼손하는 언행은 허락하지 않는다

이 임무를 중립국송환위원회에 지시하며 위임한다. 동 위원회는 언제나 제네바협약 중의 구체적 규정과 동 협약의 전반적 정신에 의하여 전쟁포로를 인도적으로 대우할 것을 보장한다.

제2조. 전쟁포로의 관리

4. 정전협정 발효 이후 피송환권을 행사하지 않은 전체 전쟁포로는 정전협정 발효 이후 가능한 한 속히 60일 이내에 억류측의 군사통제와 수용하로부터 석방되어 억류측이 지정하는 한국 내의 지구에서 중립국송환위원회에 넘어간다.
5. 중립국송환위원회가 전쟁포로 수용시설을 관리하는 책임을 맡을 때에 억류측의 무장부대는 그곳에서 철수함으로써 전항에 규정한 지구를 인도의 무력으로 하여금 전적으로 접수관리케 한다.
6. 상기 제5항의 규정에 의해 억류측은 전쟁포로관리지구 주변 지역의 안전과 질서를 유지 보장하며, 억류측 관리지역 내의

어떠한 무장역량이든지**비정규적 무장역량도 포함** 전쟁포로관리지구에 대하여 여하한 교란과 침범행위도 감행하지 못하도록 방지하며 단속할 책임을 진다.

7. 상기 제3항의 규정에 의해 본 협정의 여하한 항목도 중립국송환위원회의 임시관리하에 있는 전쟁포로를 통제하는 동 위원회의 합법적 직무와 책임을 집행하는 권한을 약화시키는 것으로 해석할 수 없다.

제3조. 해설

8. 중립국송환위원회는 피송환권을 행사하지 않은 전체 전쟁포로를 접수, 관리하게 된 이후 즉시 조치를 취하여 전쟁포로의 소속 국가들로 하여금 자유와 편리를 가지고 중립국송환위원회가 접수, 관리하게 된 날부터 90일 이내에 하기 규정에 따라 이러한 전쟁포로의 관리지구에 대표를 파견하여 동 소속국에 의탁하는 전체전쟁포로에게 그들의 권리를 해설하며, 그들이 고향에 돌아가는 데 관련되는 모든 사항, 특히 그들의 집에 돌아가 평화적 생활을 할 수 있는 완전한 자유를 가지고 있다는 것을 알린다.

ㄱ. 해설에 종사하는 이러한 대표의 수효는 중립국송환위원회의 관리하에 있는 전쟁포로 매 1천 명에 대하여 7명을 넘지 못하되, 허락되는 최저 총수는 5명 이하가 되어서는

안 된다.

ㄴ. 해설에 종사하는 대표가 전쟁포로에게 접근하는 시간은 중립국송환위원회가 결정하며 대체로 전쟁포로의 대우에 관한 제네바협약 제53조에 의한다.

ㄷ. 일체의 해설사업과 면회는 중립국송환위원회의 각 성원 국가의 대표 1명과 억류측 대표 1명의 입회하에 진행한다.

ㄹ. 해설사업에 관한 추가적 규정은 중립국송환위원회가 제정하며, 상기 제3항과 본항에 열거한 원칙을 적용하는 것을 목적으로 한다.

ㅁ. 해설에 종사하는 대표에게 그가 사업을 진행할 때에 필요한 무전통신설비를 휴대하며 무전통신인원을 대동하는 것을 허용한다. 통신인원의 수효는 해설에 종사하는 인원이 거주하는 매 지구에 1조씩으로 제한하되, 전체 전쟁포로를 한 지구에 집결하는 경우에는 2조를 허락한다. 각조는 6명을 넘지 않는 통신인원으로 구성한다.

9. 중립국송환위원회의 관리하에 있는 전쟁포로는 동 위원회와 동 위원회의 대표 및 그 종속기관에 의견을 제출, 통신을 보내며 전쟁포로 자신의 여하한 사항에 관한 요망 등을 알릴 수 있는 자유와 편리를 가지되 이 목적을 위하여 위원회가 취한 조치에 의거하여 이를 실행한다.

제4조. 전쟁포로의 처리

10. 중립국송환위원회의 관리하에 있는 전쟁포로는 누구나 피송환권을 행사하기로 결정하면 중립국송환위원회의 각 성원국가 대표 1명씩으로 구성한 기관에 송환을 요구하는 청원을 제출한다. 일단 이러한 청원이 제출되면 중립국송환위원회나 또는 그 종속기관의 하나는 이를 고려하여 이러한 청원이 유효함을 즉시 다수결로 결정한다. 이러한 청원이 일단 제출되어 중립국송환위원회나 그 종속기관의 하나가 그 효력을 발생케 하는 즉시 동 전쟁포로를 송환준비가 된 전쟁포로를 위해 설치한 천막에 보내어 거주시킨다. 그 다음에 동 전쟁포로를 중립국송환위원회의 관리하에 둔채로 즉시 판문점 전쟁포로 교환 지점에 보내되 정전협정에 규정한 절차에 따라 송환한다. 전쟁포로의 관리를 중립국송환위원회에 넘겨 90일이 만료된 후 상기 제8항에 규정한 대표들의 전쟁포로와의 접근을 즉시 끝내며 피송환권을 행사하지 않은 전쟁포로의 처리문제는 정전협정 초안 제66항에서 소집할 것을 제의한 정치회담에 넘겨 30일 이내에 해결하도록 노력하게 한다. 이 기간 중에 중립국송환위원회는 이러한 전쟁포로를 계속 관리한다.

　　어떠한 전쟁포로든지 중립국송환위원회가 그들의 관리를 책임지고 관리하게 된 후 130일 이내에 피송환권을 아직 행사하지 않았고 또 정치회의에서도 그들에 대한 어떤 기타의 처리 방법에 합의를 보지 못한 자는 중립국송환위원회가 그들의 전쟁포로 신분을 해제하어 사민으로 하는 것을 선포한다. 그 다음 각자의 청원에 따라 중립국에 갈 것을 선택한 자가 있으면 중립국송환위원회와 인도 적십자사가 이를 협조한다.

이 사업은 30일 이내에 완수하며 완수한 후 중립국송환위원회는 즉시 직무를 정지하고 해산을 선포한다. 중립국송환위원회가 해산한 후 어느 때나 어느 곳을 막론하고 상기한 전쟁포로의 신분으로부터 해제된 사민으로서 그들의 조국에 돌아가기를 희망하는 자가 있으면 그들이 있는 곳의 당국은 그들의 조국에 돌아가는 것을 책임지고 협조한다.

제5조. 적십자사의 방문

12. 중립국송환위원회의 관리하에 있는 전쟁포로에게 필요한 적십자사의 복무는 중립국송환위원회가 발표한 규칙에 의하여 인도가 제공한다.

제6조. 신문보도

13. 중립국송환위원회는 중립국송환위원회가 제정한 절차에 의하여 신문계 및 기타 보도기관이 본 협정의 열거한 전체 사업을 참관하는 자유를 가지도록 보장한다.

제7조 전쟁포로를 위한 보급

14. 각방은 자기 군사통제지역 내에 있는 전쟁포로에게 보급을 제공하되 각 전쟁포로 수용시설 부근에 있는 합의된 인도 지점에서 필요한 공급물자를 중립국송환위원회에 인도한다.
15. 제네바 협약 제118조에 의하여 판문점 교환지점까지 송환하는 경비는 억류측이 부담하며, 교환지점으로부터의 경비는 전쟁포로가 의탁하는 측이 부담한다.
16. 중립국송환위원회가 전쟁포로 수용시설에서 필요로 하는 일반 근무 인원은 인도 적십자사가 제공할 책임을 진다.
17. 중립국송환위원회는 전쟁포로에게 가능한 범위 내에서 의료를 제공한다. 억류측은 중립국송환위원회의 요청이 있을 때 가능한 범위 내에서 의료를 제공하되, 특히 장기치료나 입원을 필요로 하는 환자에 대하여 그렇게 한다.

입원기간 중 중립국송환위원회는 전쟁포로를 계속 관리한

다. 억류측은 이러한 관리를 협조한다. 치료를 완료한 후 전쟁포로는 상기 제4항에 규정한 전쟁포로 수용시설로 돌려보낸다.

18. 중립국송환위원회는 그 임무와 사업을 진행함에 있어서 쌍방으로부터 필요한 합법적인 협조를 받을 권한을 가진다. 단, 쌍방은 어떠한 명목이나 형식으로든지 간섭 또는 영향을 줄 수 없다.

제8조. 중립국송환위원회를 위한 보급

19. 각방은 자기측 군사통제지역 내에 주재하는 중립국송환위원회 인원에게 보급을 제공할 책임을 지며 쌍방은 비무장지대 내에서 이러한 보급을 동등한 기초 위에서 제공한다. 세밀한 조치는 중립국송환위원회와 억류측이 매번 결정한다.
20. 각 억류측은 중립국송환위원회를 위하여 제3항에 규정한 자기측 지역 내의 교통로를 경유하여 거주지로 가는 동안과 각 전쟁포로 관리지역 이내가 아닌 그 지구 부근에 거주하는 동안에 해설에 종사하는 상대방의 대표를 보호하는 책임을 진다. 전쟁포로 관리지구의 실제 계선 내에서의 이러한 대표의 안전은 중립국송환위원회가 책임진다.
21. 각 억류측은 해설에 종사하는 상대방 대표가 자기 군사통제지역 내에 있을 때에 그에게 수송, 숙소, 교통 및 기타 합의

된 보급을 제공한다. 이러한 복무는 상환의 기초 위에서 제공한다.

제9조. 발표

22. 본 협정 각 조항을 정전협정 효력 발생 후 억류관리하에서 피송환권을 행사하지 않은 전체 전쟁포로에게 주지시킨다.

제10조. 이동

중립국송환위원회에 속하는 인원 및 송환된 전쟁포로는 상대방의 사령부와 중립국송환위원회가 결정한 교통로를 따라 이동한다. 이 교통로를 표시하는 지도를 상대방의 사령부와 중립국송환위원회에 제출한다. 상기 제4항에 지정한 지역 내를 제외하고는 이러한 인원의 이동은 통행하는 지역이 속하는 측의 인원이 이를 통제하며 호송한다. 단, 이러한 이동은 어떠한 장애나 협박도 받지 않는다.

제11조. 절차에 관한 사항

24. 본협정의 해석은 중립국송환위원회가 한다. 중립국송환위원

회 및 그 임무를 대리하게 되거나 담당하게 된 종속기관은 다수결의 기초 위에서 운영한다.

25. 중립국송환위원회는 매주에 1차씩 적대 쌍방의 사령관에게 동 위원회가 관리하고 있는 전쟁포로의 정황에 관한 보고를 제출하되 매 주말에 송환된 자 및 남아 있는 자의 수를 표시한다.

26. 본협정은 쌍방 및 본협정에서 지명한 5개국이 동의하면 정전이 효력을 발생하는 날에 효력을 발생한다. 1953년 6월 8일 14시에 한국 판문점에서 영문, 한국문, 중국문의 3가지 글로 작성한다. 각 문본은 동등한 효력을 가진다.

국제연합군대표단 수석대표 미육군중장 윌리암. K 해리슨
조선인민군 및 중국인민지원군 대표단 수석대표 조선인민군대장 남일.

정전협정을 보족하는 잠정적 협정가역

　중립국송환위원회의 직권의 범위에 관한 조항에 따라 직접 송환 대상이 아닌 포로를 처리함에 필요한 요건을 충족시키기 위하여 국제연합군총사령관을 일방으로 하고 북한인민군총사령과 중공의용군총사령을 타의 일방으로 하는 체약 쌍방은 한국정전협정 제5조 제61항의 규정에 따라 하기의 정전협정을 보족하는 잠정적 협정을 체결하는 것을 동의한다.

1. 중립국송환위원회 직권의 범위에 관한 협정 제2조 제4항 및 제5항 규정에 따라 국제연합군총사령부는 군사정전경계선과 임진강을 남경으로 하고 오금리로부터 남하하는 도로를 동북경으로 하는 단 판문점으로부터 동북방으로 뻗은 간선도로를 제외함 비군사지역을 동경 및 남경으로 하는 지역을 직접송환 대상이 아닌 포로로써 유엔군총사령부가 그 관리하에 둘 책임을 유하는 포로를 중립국송환위원회 및 인도 군대의 관리하에 인도하는 지역으로써 지정하는 권리를 가진다.
　　유엔군총사령부는 정전협정의 조인에 앞서 그 관리하에 있는 포로의 국적별 개수를 북한인민군 및 중공의용군측에 통고한다.
2. 만일에 그 관리하에 있는 포로로써 직접송환을 원치 않는 자가 있는 경우에는 북한인민군과 중공의용군은 군사정전경계선과 비군사지역 서경 및 북경 사이에 있는 판문점 근방의 지역을 이들 포로를 중립국송환위원회 및 인도 군대의 관리하에

인도하는 지역으로써 지정하는 권리를 가진다. 자기관리하에 있는 포로로써 직접 송환되지 않을 것을 원하는 포로가 있는 것을 안 다음 북한인민군과 중공의용군은 여사한 포로의 국적별 개수를 유엔군총사령관에게 통보한다.

3. 정전협정 제1조 제8항 제9항 및 제10항에 의하여 하기 사항을 규정한다.

   ㄱ. 정전 명령이 발효한 후 쌍방의 비무장인원으로서 자기측이 지정한 지역에서 필요한 공사에 종사하기 위한 인원의 입경은 1건 마다 군사정전위원회의 허가를 얻어야 한다. 공사 완료와 동시에 여사한 인원은 한 사람도 상기 지역에 잔류하여서는 안 된다.

   ㄴ. 쌍방의 관리하에 있는 포로로서 직접송환 대상이 아닌 포로는 쌍방이 합의한 일정 수 씩을 억류측 군대 경호하에 각기 지정한 상기지역 내로 데리고 와 중립국송환위원회 및 인도 군대의 관리하에 인도함에 있어서는 1건 마다 군사정전위원회의 허가를 얻어야 한다. 당해 포로가 인수된 후 즉시 억류측의 군대는 관리 지점으로부터 자기 지배하의 지역으로 철수한다.

   ㄷ. 중립국송환위원회 직권의 범위에 관한 협정에 규정된 기능을 완수하기 위하여 중립국송환위원회 및 그 종속기관인 인도 군대 및 인도 적십자사 쌍방의 해설대표 및 시찰대표의 인원과 필요한 자료 및 장비는 쌍방이 포로관리를 위하여 각기 지정한 상기 지역으로부터 또 그 속에서 이동하는 자유를 가질 것을 1건 마다 군사정전위원회의 허가를 받아야 한다.

4. 본협정 제3항 ㄷ항목의 규정은 상기 인원이 정전협정 제1조 제2항에 의하여 향유하는 특권을 기손하는 것으로 해석되어서는 안 된다.
5. 본협정은 중립국송환위원회 직권의 범위에 관한 협정에 규정된 사명의 완료와 동시에 폐기된다.
6. 1953년 7월 27일 한국 판문점에서 영문, 한국문, 중국문의 3가지 글로 작성하고, 각기 동등한 효력을 가진다.

유인군 총사령관 마크. W. 크라크
북한인민군 총사령관 김일성
중국인민지원군사령원 팽 덕회

Treates and other international acts series 1-5-(1)

ARMISTICE AGREEMENT and TEMPORAY AGREEMENT SUPPLEMENTARY TO THE ARMISTICE AGREEMENT

Signed at Panmunjom 10 : 00 July 27. 1953
Entered into force 22 : 00 July 27. 1953
Minstry of Foreign Affairs Republic Korea

AGREEMENT BETWEEN THE COMMAND-IN-CHIEF, UNITED NATIONS COMMAND, ON THE ONE HAND AND THE SUPREME COMMANDER OF THE KOREAN PEOPLE'S ARMY AND THE COMMANDER OF THE CHNINES PEOPLE'S VOLUNTEERS, ON THE OTHER HAND, CONCERNING A MILITARY ARMISTICE IN

KOREA.

PREAMBLE.

The Undersigned, the Commander-in-Chief, United Nations Command, on the one hand and the Supreme Commander of the Korean People's Army and the Commander of the Chinese People's Volunteers, on the other hand and, in the interest of stopping the the Korean conflict, with its great toll of suffering and bloodshed on both sides, and with the objectve of establishing an armistice which will insure a complete cessation of hostilities and of all acts of armed force in Korea untill final peaceful settlement is achived, do individually collectively and mutually, agree to accept and to be bound and governed by the conditions and terms of armistice set forth in the following Articles and Paragraphs, which said conditions and terms are intended to be purely military in character and to pertain solely to the belligerents in Korea.

ARTICLE II

MILITARY DEMARCATION LINE AND DEMILITARIZED ZONE

1. A Military Demarcation Line shall be fixed and both sides shall withdraw two(2) kilometers from this line so as to establish a Demilitarized Zone between the opposing forces.

    A Demilitarized Zone shall be established as a buffer zone to prevent the occurrence of incidents which might lead to a resumption of hostilities.

2. The Military Demarcation Line is located as indicated on the attached map.^{Map 1}

3. The Demilitarized Zone is defined by a northern and a southern boundary as indicated on the attached map.^{Map 1}

4. The Military Demarcation Line shall be plainly marked as directed by the Military Armistice Commission here in after established.

The Commander of the opposing sides shall have suitable markers erected along the boundary between the Demilitarized Zone and their respective areas.

The Military Armistice Commission shall supervise the erection of all markers placed along the Military Demarcation Line and along the boundaries of the Demilitarized Zone.

5. The water of the Han River Estuary shall open to civil shipping of both sides wherever one bank is controlled by one side and the other bank is controlled by the other side. The Military Armistice Commission shall prescribe rules for the shipping in that part of the Han River Estuary indicated on the attached. **Map 2** Civil shipping of each side shall have unrestricted access to the land under the military control of the side.

6. Neither side shall excute any hostile act within, or from, or against the Demilitarized Zone.

7. No person military civilian, shall be permitted to cross the Military Demarcation Line unless specifically authorized to do so by the Military Armistice Commission.

8. No person military civilian, in the Demilitarized Zone shall be permitted to permitted to enter the territory under the military control of either sides unless specificallly authorized to do so by the Commander into whose territory entry is sought.

9. No person, military or civilian shall be permitted to enter the Demilitarized Zone except persons corcerned with the conduct of civil administration and relief and persons specifically authorized to enter by the Military Armistice Commission.

10. Civil administration and relief in the part of the Demilitarized Zone which is south of the Military Demarcation Line shall be the responsibility of the Commander -in-Chief, United Nations Command; and civil administration and relief in that part of the Demilitarized Zone which is north of the Military Demarcation Line shall be the joint responsibility of the Supreme Commander of the Chinese People's Volunteers.

The number of persons, military or civilian, from each side who are permitted to enter the Demilitarized Zone for the conduct of civil administration and relief shall be as determined by the respective Commanders, but in no each shall the total number authorized by either side exceed one thousand 1,000 persons at one time. The number of civil police and the arms to be carried by them shall be as personnel by the Military Armistice Commission. other personnel shall not carry arms unless specifically authorized to do so by the Military Armistice Commission.

11. Nothing contained in this article shall be construed to prevent the complete freedom of movement to, from, and within the Demilitarized Zone by the Military Armistice Commission, its assitants, its Joint Observer Teams with their assistants, the Neutral Nations Supervisory Commission hereinafter established its assitants, the Neutral Nations Inspection Teams with their assitants, and any other persons materials, and equipment specifically authorized to enter the Demilitarized Zone by the Military Armistice Commission. Convenience of movement shall be permited through the territory under the military control either side over any route necessary to move between points within the Demilitarized Zone where the points are not connected by the roads lying comtpletely within the Demilitarized Zone.

ARTICLE 1 CONCRETE ARRAGEMENTS FOR CEASE FIRE AND ARMISTICE

A. GENERAL

12. The Commanders of the opposing sides shall order and enforce a complete cessation of all hostilities in Korea by all armed forces under control, including all units and personnel of the ground, naval, and air forces, effective twelve(12) hours after this Armistice Agreement

is signed. See Paragraph 63 hereof for effective date aand hour of the remaining provisions of this Armistice Agreement.

13. In order to insure the stability of the Military Armistice so as facilitate the attainment of a peaceful settlement through the holding by bothe sides of a political conference of a heigher level, Commander of the opposing sides shall;

    a. Within a seventy-two(72) hours after this Armistice agreement becomes effective, withdraw all of their military forces, supplies, and equipment from the Demilitarized Zone except as otherwise providee herein.

    All demolitions, minefields, wire entaglments, and other hazards to the safe movememnt of personnel of the Military Armistice Commission. or its Joint Observer Teams, known to exist within the Demilitarized Zone after the withdrawal of military forces there from, together with lanes known to be free of all such hazards Subsquently, additional safe lanes shall be celareds and eventually, within forty-five(45) days after the termination of the seventy-two(72) hour period, all such hazards shall be removed from the Demilitarized Zone as directed by and under the supervision of the Military Armistice Commission.

At the termination of the seventy-two hour period, except for unarmed troops authorized a forty-five(45) day period to complete salvage operations under Military Armistice Commission supervision, such units of a police nature as may be specifically requested by the Military Armistice Commission and agreed to by the commanders of the opposing sides, and personnel authorized under the Paragraphs 10 and 11 hereof, no personnel of either side shall be permitted to enter the Demilitarized Zone.

b. Within ten(10)days after this Armistice agreement becomes effective, withdraw all of their military forces, supplies, and equipment from the rear and the coastal islands and waters of Korea of the other side. If such military forces are not withdrawn within the stated time limit, and there no mutually agreed and valid reason for the delay, the other side shall have the right to take any action which it deems necessary for the maintaince of security and order.

The term "Coastal islands, as used above, refers to those islands which, though occupied by one side at the time when this Armistice agreement becomes effective, were controlled by the other side on 24 June 1950; provided, however, that all the islands lying to the north and west of the provincial boundary line between HWANGHAE-DO and KYONGGGI-DO shall be under the military control of the Supreme Commander of, the Korean People's Army and the Commander of the Chinese People's Volunteer's except the island groups of PAENGYONG_DO$^{37\ 58'N,\ 124\ 40'E}$, TAECHONG-DO$^{37\ 50'N,\ 124\ 42'E}$ SOCHONG-DO$^{37\ 46'N,\ 124\ 46'E}$, YONGPYONG-DO$^{37\ 38'N,\ 125\ 40'E}$, and U-DO$^{37\ 36'N,\ 125\ 58'E}$, which shall remain under the military control of the Commander-in-Chief, United Nations Command.

All the islands on the west coast of Korea lying south of the above mentioned boundary line shall remain under the military control of the Commander-in-Chief, United Nations Command.$^{See\ Map\ 3}$

c. Cease the introduction into Korea of reinforcing military personnel; provided, however, that the rotation of units and personnel, the arrival in Korea of personnel on a temporary duty basis and the return to Korea of personnel after short periods of leave or temporary duty outside of Korea shall be permitted within the scope prescribed below "Rotation" is defined as the replacement of units or personnel by other units or personnel who are commencing a tour of duty in Korea. Rotation personnel shall be introduced into enumerated in Paragraph 43 hereof. Rotation shall be conducted on a man-for-man basis; provided, however, that no more than thirty-five thousand 35,000 persons in the military service shall be admitted into Korea by either side in any calendar mouth under the rotation policy. No military personne of either side shall be introduced into Korea if the introduction of such personnel will cause the aggregate of the military personnel of that side admitted into Korea since the effective date of this Armistice Agreement to exceed the cumulative total of the military personnel of that side who have departed from Korea since that date. Reports concerning arrivals in and departures from Korea of military personnel shall be made daily to the Military Armistice Commission and the Neutral Nation Supervisory Commission; such reports shall include place of arrival and departure and the number of persons arriving at or departing from each such place.

The Neutral Nation Supervisory Commission, through it's Neutral Nations Inspection Teams, shall conduct supervision and inspection of the rotation of units and personnel authorized above, at the ports of entry enumerated in Paragraph 43, hereof.

d. Cease the introduction into Korea of reinforcing combat aircraft, armored vehicles, weapons, and ammunition; provided, however, that combat aircraft, armored vehicles, weapons, and ammunition which are destroyed, damaged, worn out, or used up during the period of the armistice may be replaced on the basis of piece-for-piece of the same effectiveness and the same type. Such combat aircraft, armored vehicles, weapons, and ammunition shall be introduced into Korea only trough the ports of entry enumerated in Paragraph 43 hereof. In order to justify the requirement for combat aircraft, armored vehicles, weapons, and ammunition to be introduced into Korea for replacement purposes, reports corncerning every incoming shipment of these items shall be made to the Military Armistice Commission and the Neutral Nation Supervisory Commission; such reports shall include statements regarding the disposition of the items being replaced. Items to be replaced which are removed from Korea shall be removed only through the ports of entry enumerated in Paragraph 43 hereof.

The Neutral Nation Supervisory Commission, through its Neutral Nations Inspection Teams, shall conduct supervision and inspection of the replacement of combat aircraft, armored vehicles, weapons, and ammunition authorized above, the ports of entry enumerated in Paragraph 43 hereof.

e. Insure that personnel of their respective commands who violate any of the provisions of this Armistice Agreement are adequately punished.

f. In those case where places of burial are a matter of record and graves are actually found exist, permit graves regisration personnel of other side to enter, within a definite time limit after this Armistice Agreement becomes effective, the territory of Korea under their military control, for the purpose of proceeding to such graves to recover and envacuate the bodies of the deceased military prisoners of war.

The specific procedures and the time limit for the performance of the above task shall be determined by the Military Armistice Commission. The Commanders of the opposing sides shall furnish to other side all available information pertaining to the places of build of the deceased military personnel of the other side.

g. Afford full protection and all possible assistance and cooperation to the Military Armistice Commission, its Joint Observer Teams, the Neutral Nations

Supervisory Commission, and its Neutral Nations Inspection Teams in the carrying out of their functions and responsibilities hereinafter assigned and accord to its Neutral Nations Supervisory Commission, and to its Neutral Nations Inspection Teams, full convenience of movement between the headquarters of the Neutral Nations Supervisory Commission and the ports of entry enumerated in Paragraph 43 hereof over main lines of communication agreed upon by both sides,^{See Map 4} and between the headquarters of the Neutral Nations Supervisory Commission and the places where violations of this Armistice Agreement have been reported to have occurred. In order to prevent unnecessary delays, the use of alternate routes and means of transportation will be permitted Whenever the main lines of communication are closed or impossible.

h. Provide such logistic support, including communications and transportation facilities, as may be required by the Military Armistice Commission and the Neutral Nations Supervisory Commission and their Teams.

i. Each construct operate, and maintain a suitable air field in their respective parts of Demilitarized Zone in the vicinity of headquarters of the Military

Armistice Commission, for such uses as the Commission may determine.

j. Insure that all members and other personnel of the Neutral Nations Supervisory Commission and of the Neutral Nations Repatriation Commission hereinafter established shall enjoy the freedom and facilities necessary for the proper exercise of their functions, including priviges, treatment, and immunities equvaliant to those ordinarily enjoyed by accredited diplomatic personnel under international usage.

14. This Armistice Agreement shall apply to all opposing ground forces under the military control of either side which ground forces shall respect the Demilitarized Zone and the area of Korea under the military control of the opposing side.

15. This Armistice Agreement shall apply to all opposing naval forces, which naval forces shall respect the waters contiguous to the Demilitarized Zone and to the land area of Korea under the military conttrol of the opposing side, and shall not engage in blockade of any kind of Korea.

16. This Armistice Agreement shall apply to all opposing air forces, which air forces shall respect the air space over the Demilitarized Zone and over the area of Korea under the military control of the opposing side,

and over the water contiguous to both.

17. Responsibilty for compliance with and enforcement of the terms and provisions of this Armistice Agreement is that of the signatories hereto and their successors in command. The Commanders of thee opposing sides shall establish within their respective commands all measures and procedures necessary to insure complete compliance with all of the provisions hereof by all elements of their commands. They shall actively cooperate with one another and with the Military Armistice Commission and the Neutral Nations Supervisory Commission in requiring observance of both the letter and the spirit of all of these provision of this Armistice Agreement.

18. The costs of the operations of the Military Armistice Commission and of the Neutral Nations Supervisory Commission and of their Teams shall be shared equally by the two opposing sides.

B. MILITARY ARMISTICE COMMISSION 1. COMPOSITION

19. A Military Armistice Commission is hereby established.
20. Supervisory Commission shall be composed of ten(10) senior office five(5) of whom shall be appointed by the Commander-in-Chief, United Nations Command, and

five(5) of whom shall be appointed jointly by the Supreme Commander of the Korean People's Army and the Commader Chinese People's Volunteers. Of the ten(10) members, three(3) from each side shall be general or flag rank. The two(2) remaining members on each side may be major generals, brigadier generals, colonels or their equivaliants.

21. Miembers of Military Armistice Commission shall be permitted to use staff assitants are required.

22. The Military Armistice Commission shall be provided with the necessary administrative perssonel to establish a Secretariat charged with assisting the Commission by performing record-keeping secretarial, interpreting, and such other functions as the Commission may a assign to it. Each side shall appoint to the Secretariat a Secretary and an Assistant Seecretary and such clerical and specialized personnel as required by the Secretariat. Records shall be kept in English, Korean, and Chinese, all of which shall be equally authentic.

23. a. The Military Armistice Commission shall be initially provided with and assisted by ten(10) Joint Observer Teams, which number may be reduced by agreement of the senior members of both sides on the Military Armistice Commission.

    b. Each Joint Observer Team shall be composed of not

less than four(4) nor more than six(6) officers of field grade, half of whom shall be appointed by the Commader-in Chief, United Nations Command, and half of whom shall be appointed jointly by the supreme Commander of the Korean People's Army and the Commader Chinese People's Volunteers. Additional personnel such as drivers, clerks, and interpreters shall be furnished by each side as required for the functioning of the Joint Observer Teams.

2. FUNCTIONS AND AUTHORITY

24. The general mission of the Military Armistice Commission shall be to supervise the implementation of this Armistice Agreement and to settle through negotiations any violations of this Armistice Agreement.

25. The Military Armistice Commission shall : a. Locate its headquarters in the vicinity of PANMUNJOM. 37 57'29 "N 126 40'00" E

   a. The Military Armistice Commission may re-locate its headquarters at another point within the Demilitarized Zone by agreement of the senior members of both sides on the Commission.
   b. Operates as a joint organization without a chairman.

c. Adopt such rules of procedures as it may, from time to time, deem necessary.

d. Supervise the carrying out of the provisions of this Armistice Agreement. pertaing to the Demilitarized Zone and to the Han River Estuary.

e. Direct the operating the Joint Observer Teams.

f. Settle through any negotiattions violations of this Armistice Agreememnt.

g. Transmit immediately to the commanders of the opposing sides all reports of invesgations of violations of this Armistice Agreememnt and all other reports and records of proceedings received from the Neutral Nations Supervisory Commission.

h. Give general supervision and direction to the activities of the Committee for Repatriation of Prisoners of War and Committee for Assisting the Return of Despite Civilians, hereinafter established.

i. Act as an intermediary in transmitting commuications between the commanders of the opposing sides; provided, however, that the foregoing shall not be construed to preclude the commanders of both sides from communicating with each ottber by any other means which they may desire to employ.

j. Provide credentials and distinctive insignia for its staff and its Joint Observer Teams, and distinctive marking for all vechiles, aircraft, and vessels, used in the performance of its mission.

26. The mission of the Joint Observer Teams shall be able to assist the Military Armistice Commission in supervising to carrying out of the provision of this Armistice Agreememnt pertaining to the Demilitaarized Zone and to the Han River Estuary

27. The Military Armistice Commission, or the senior member of either side thereof, is authorized to dispatch Joint Observer Teams to investigate violations of this Armistice Agreememnt reported to have occurred in the Demilitaarized Zone or in the Han River Estuary; provided, however, that not more than one half of the Joint Observer Teams which have not been dispatched at any one time by the senior member of either side on the Commission.

28. The Military Armistice Commission, the senior member of either side therof, is authorized to request the Neutral Nations Supervisory Commission to conduct special observations and inspections at places outside the Demilitaarized Zone where violations of this Armistice Agreememnt have been reported to have occurred.

29. When The Military Armistice Commission, determines that a violation of this Armistice Agreememnt has oc-

curred, it shall immediately report such violation to the Commanders of the opposing sides.

30. When The Military Armistice Commission, determines that a violation of this Armistice Agreememnt has been corrected to its satisfaction, it shall so report to the Commanders of the opposing sides.

3. GENERAL

31. The Military Armistice Commission shall meet daily. Recess of not to exceed seven(7) days may be agreed upon by the senior members of both sides; provided, that such recesses may be terminated on twenty-four(24) hour notice by the senior member of either sides.

32. Copies of the record of the proceeding of all meetings of The Military Armistice Commission shal be forwarded to the Commanders of the opposing sides as soon as possible after each meeting.

33. The Joint Observer Teams shall make periodic reports to The Military Armistice Commission as required by the Commission and, in addition, shall make such special reports as may be deemed necessary by them, or as may be required by the Commission.

34. The Military Armistice Commission shall maintain dupli-

cate files of the reports and records of proceedings required by this Armistice Agreememnt.

The Commission is authorized to maintain duplicate files of such other reports, records, etc. as may be necessary in the conduct of its business. Upon eventual disolution of the Commission, one set of the above files shall be turned over to each side.

35. The Military Armistice Commission may make recommendations to the commanders of the opposing sides with respect to amendments additions to this Armistice Agreememnt. Such recommended changes should generally be those designed to insure a more effective armistice.

C. NEUTRAL NATIONS SUPERVISORY COMMISSION

1. COMPOSITION

36. A. Neutral Nations Supervisory Commission is hereby established.
37. The Neutral Nations Supervisory Commission shall be composed of four(4) senior officers, two(2) of whom shall be appointed by neutral nations nominated by the Commander-in-chief, United Nations Command, named SWEDEN and SWITZLAND, and two(2) of

whom shall be appointed by neutral nations nominated jointly by the the Supreme Commander of the Korean People's Army and the Commader Chinese People's Volunteers, namely POLAND and CZHECHOSLOVAKIA. The term "neutral nations" as herein used is defined as those nations whose combatant forces have not participated in the hostilities in Korea.

Members appointed to the commission may be from the armed forces of the appointing nations. Each member shall designate an alternate member to attend those meetings which any reason the principal member is unable to attend.

Such alternate members shall be of the same nationality as their principals. The Neutral Nations Supervisory Commission may take action whenever the number of members present from the neutral nations nominated by the other side.

38. Members of the Neutral Nations Supervisory Commission shall be permitted to use staff assitants may be appointed as alternate member of the Commission.
39. The neutral nations shall be requested to furnish the Neutral Nations Supervisory Commission with the necessary administrative presented to establish a Secretariat charged with assiting the Commission by performing

necessary record, keeping, secretarial, interpreting, and such other functions as the Commission may assign to it.

40. a. The Neutral Nations Supervisory Commission shall be initially provided with, and assisted by, twenty(20) Neutral Nations Inspection Teams, which number may be reduced by agreement of the senior members of both sides on the Military Armistice Commission.

    The Neutral Nations Inspection Teams shall be responsible to, shall report to, and shall be subject to the direction of, The Neutral Nations Supervisory Commission only.

    b. Each Neutral Nations Inspection Teams shall be composed of not less than four(4) officers, preferably of field grade, half of whom shall be from the neutral nations nominated by the Commander in Chief, United Nations Command, and half whom shall be from the neutral nations nominated jointly by the supreme Commander of the Korean People's Army and the Commader Chinese People's Volunteers.

    Members appointed to the Neutral Nations Inspection Teams may be from the armed forces of the appointing nations.

In oder to facilitate the function of the Teams, sub-teams composed of not less than two(2) members, one of whom shall be from a neutral nation nominated by the Commander- in-Chief, United Nations Command, and one of whom shall be from a neutral nation nominated jointly by the Supreme Commander of the Korean People's Army and the Commader Chinese People's Volunteers, may be formed as circumstance require. Additional personnel such as drivers, clerks, interpreter, and communications personnel, and such equipment as may be required by the Teams to perform their missions, shall be furnished by the commander of each side, as required, in the Demilitarized Zone and in the territory under his military control.

The Neutral Nations Supervisory Commission may provide itself and the Neutral Nations Inspection Teams with such of the above personnel and equipment of its own as it may desire; provided, however that such personnel shall be personnel of the same neutral nations of which the Neutral Nations Supervisory Commission is composed.

2. FUNCTION AND AUTHORITY

41. The mission of the Nations Supervisory Commission shall be to carry out the functions of supervision, observaation, inspection, and investigation as stipulated in Sub-pargargr phs 13c and 13d and Paragraph 28 herof, and to report the results of such supervision, observation, inspection, and investigation to the Military Armistice Commission.
42. The Neutral Nations Supervisory Commission shall:
   a. Locateits headquaters in proximity to the headquarters of the Military Armistice Commission.
   b. Adopt such of rules procedure as it may, from time to time, deem necessary.
   c. Conduct through its members and its Neutral Nations Inspection Teams, the supervision and inspection provided for in Sub paragraphs 13c and 13d of this Armistice Agreement at the ports of entry enumerated in Paragraph 43 hereof, and the special observations and inspections provided for Paragraph 28 hereof at those places where violations of this Armistice Agreement have been reported to have occurred.

   The inspection of combat aircraft, armored vehicles, weapons, and ammuniation by the Neutral

Nations Inspection Teams shall be such as to enable them to properly insure that reinforcing combat aircraft, armored vehicles, weapons, and ammuniation are not being introduced into Korea; but this shall not be construted as authorizing inspections or examinations any secret designs or characteristics of any combat aircraft, armored vehicles, weapons, and ammuniation.

d. Direct and supervise the operations of the Neutral Nations Inspection Teams.

e. Station five(5) Neutral Nations Inspection Teams at the ports of entry enumerated in Paragraph 43 hereof located in the territory under the military control of the Commander -in- Chief, United Nations Command; and five(5) Neutral Nations Inspection Teams at the ports of entry enumerated in Paragraph 43 hereof located in the territory under the military control of the Supreme Commander of the Korean People's Army and the Commader Chinese People's Volunteers; and establish initially ten(10) mobile Neutral Nations Inspection Teams in reserve, stationed in the general vicinity of the headquarters of The Neutral Nations Supervisory Commission, which number may be reduced by agreement of their senior members of both sides on the Military Armistice Commission. Not more than half of the mobile Neutral Nations Inspection Teams shall be dispatched at any one time in accordance with request of the senior member of either side on the Military Armistice Commission.

f. Subject to the provisions of the preceding Sub-paragraph, conduct without delay investigations of reported violations of this Armistice Agreement, including such investigations of reported violation of this Armistice Agreement as may be requested by the Military Armistice Commission or by the senior member of either side on the Commission.

g. Provide credentials and distinctive insignia for its staff and its Neutral Nations Inspection Teams, and a distinctive marking for all vehicles, aircraft, and vessels used in the perfomance of its mission.

43. Neutral Nations Inspection Teams shall be stationed at the following ports of entry Territory under the Territory under the military control of military control of the Korean People's Army and the United Nations Command Chinese People's Volunteers.

INCHON 37° 28'N 126° 38'E
TAEGU 35° 52'N 128° 36'E
PUSAN 35° 06'N 129° 02'E

SINUIJU 40° 06'N, 124° 24'E
CHONGJIN 41° 45'N, 129° 49'E
HUNGNAM 39° 50'N, 127° 37'E

KANGNUNG 37 45'N 129 54'E   MANPO 41 09'N, 126 18'E
KUNSAN 35 59'N 126 45'E   SINANJU 39 36'N, 125 36'E

These Neutral Nations Inspection Teams shall be accorded full convenience of movement within the areas and over the routes communication set forth on the attached map.^{Map 5}

3. GENERAL

44. The Neutral Nations Supervisory Commission shall meet daily. Recesses of not to exceed seven(7) days may be agreed upon by the member of the Neutral Nations Supervisory Commission; provided, that such recesses may be terminated on twenty-four(24) hour notice by any member.

45. Copies of the record of the proceedings of all meetings of the Neutral Nations Supervisory Commission shall be forwarded to the Military Armistice Commission as soon as possible each meeting. Records shall be kept in English, Korean, and Chinese.

46. These Neutral Nations Inspection Teams shall make periodic reports concerning the results of their supervisons, observations, inspections, and investigation to the Neutral Nations Supervisory Commission as required by the Commission and, in addition, shall make

such special reports as may be deemed necessary by them, or as may be required by the Commission. Reports shall be submitted by a Team as a whole, but may also be submitted by one more individual members thereof; provided, that the reports submitted by one or more individual members therof shall be considered as informational only.

47. Copies of the reports made by the Neutral Nations Inspection Teams shall be forwarded to the Military Armistice Commission by the Neutral Nations Supervisory Commission without delay and in the language in which received. They shall not be delayed by the process of translation or evaluation such reports at the earliest practicable time and shall forward their findings to the Military Armistice Commission as a matter of priority.

The Military Armistice Commission shall not take final action with regard to any such report untill the evaluation therof has been recived from the Neutral Nations Supervisory Commission. Members of the Neutral Nations Supervisory Commission and of its Teams shall be subject to appearance before the Military Armistice Commission, for clarification of any report submitted.

48. The Neutral Nations Supervisory Commission shall

maintain duplicate files of the reports and records of proceedings required by this Armistice Agreement. The Commission is authorized to maitain duplicate files of such other reports, records, etc., as may be necessary in the conduct of its business.

Upon eventual dissolution of the Commission, one set of the above files shall be turned over to each side.

49. The Neutral Nations Supervisory Commission may make recommendation to the Military Armistice Commission with respect to amendments or additions to this Armistice Agreement.

Such recommended changes should generally be those designed to insure a more effective armistice.

50. The Neutral Nations Supervisory Commission, or any member thereof, shall be authorized to communicate with any member of the Military Armistice Commission.

ARRANGEMENT RELATION TO PRISONERS OF WAR

51. The release and repatriation of all prisoners of war held in the costody of each side at the time this Armistice Agreement becomes effective shall be effected in conformity with the following provisions agreed upon by both sides prior to the signing of this

Armistice Agreement.

a. Within sixty(60) days after this Armistice Agreement becomes effective, each side shall, without offering any hindrance, directly repatriate and hand over in groups all those prisoners of war in its custody who insist on repatriation to the side to which they belonged at the time of capture.

   Repatriation shall be accomplished in accordance with the related provisions of this Article. In oder to expedite the repatriation process of such personnel, each side shall, prior to the signing of the Armistice Agreement, exchange the total numbers, by nationalities, of personnel to be directly repatriated. Each group of prisoners of war delivered to other side shall be accompanied by resters, prepared by nationality, to include, name rank(if any), and internment or military serial number.

b. Each side shall release all those remaining prisoners of war; who are not directly repatriated, fro its military control and from its costody and hand them over to the Neutral Nations Repatriation Commission for disposition in accordance with the provisions in the Annex hereto; "Terms of Reference for Neutral Nations Repatriation Commission."

c. So that there may be no misunderstanding owing to

the equal use of three language, the act of delivery of a prisoner of war by one side to the other side shall, for the purpose of this Armistice Agreement, be called "repatriation" in English, "송환"SONG HWAN in Korean, and "遣返"CH'IEN FAN in Chinese, notwithstanding the nationality or place of residence of such proisoner of war.

52. Each side insure that it will not employ inacts of war the Korean conflict any prisoner of war released and repatriated incident to the coming into effect of this Armistice Agreement.

53. All the sick and the injured prisoners of war who insist upon repatriation shall be repatriated with priority. Insofar as possible, there shall be captured medical personnel repatriated concurrently with the sick and injured prisoners of war, so as to provide medical care and attendance en route.

54. The repatriation of all of the prisoners of war required by Sub paragraph 51a hereof shall be completed within a time limit of sixty(60) days after this Armistice Agreement becomes effective. Within this time limit each side undertakes to complete the repatriation of the above-mentioned prisoners of war in its custody at the earliest practicable time.

55. PANMUNJOM is designated as the place where prison-

ers of war will be delivered and received by both sides. Additional place(s) of delivery and reception of prisoners of war in the Demilitarized Zone may designated, if necessary, by the Commitee for Repatriation of Prisoners of War.

56. A Commitee for Repatriation of Prisoners of War is hereby established.

    It shall composed of six(6) officers of field grade, three(3) of whom shall be appointed by the Commander-in-Chief, United Nations Command and three(3) of whom shall be appointed jointly by the Supreme Commander of the Korean People's Army and the Commander of the Chinese People's Volunteers.

    The committee shall under the general supervision and direction of Military Armistice Commission, be responsible for coordinating the specific plans of both sides for the repatriation of prisoners of war and for supervising the exception by both sides of all of the provisions of this Armistice Agreement relating to the repatriation of prisoners of war.

    It shall be the duty of this Committee to coordinate the timing of the arrival prisoners of war at the place(s) of delivery and reception of prisoners of war from the prisoner of war camps of bothe sides; to make, when necessary, such special arrangements as may be required with regard to the transportation and welfare of sick and injured prisoners of war; to coordinate the work of the joint Red Cross teams, established in Paragraph.

57. a. Hereof, in assisting in the repatriation of prisoners of war; to supervise the implementation of the arrangements for the actual repatriation of prisoners of war stipulated in Paragraph 53 and 54 hereof; to select, when necessary, additional place(s) of delivery and reception of prisoners of war; to arrange for security at the place(s) of delivery and reception of prisoners of war; and to carry out such other related functions as are required for the repatriation of prisoners of war.

   b. When unable to reach agreement any matter relating to its responsibilities, the Committee for Repatriaption of Prisoners of War shall immediately refer such matter to the Military Armistice Commission for decision.

   The Committee for Repatriation of Prisoners of War shall maintain its headquarters in proximity to the headquarters of the Military Armistice Commission.

   c. The Committee for Repatriation of Prisoners of War shall be dissolved by the Military Armistice Commission upon completion of the program of repatriation of prisoners of war.

57. a. Immediately after Armistice Agreement becomes effective, joint Red Cross teams composed of Representative of the national Red Cross Societies of the countries contributing forces to the United Nations Command on the one hand, and representatives of the national Red Cross Societies of the Democratic People's Republic of Korea and representatives of the Red Cross Society of the People's Republic of China on ther other hand, shall be estalished. The joint Red Cross teams shall assist in the excurson by both sides of these provisions of this Armistice Agreement relating to the repatriation of all the prisoners of war specified in Sub-paragraph 51a hereof, who insist upon repatriation, by the performance of such humanitarian services as are necessary and desirable for the welfare of the prisoners of war.

To accomplish this task, the joint Red Cross teams shall provide assitance in the delivering and receiving of prisoners of war by both sides at the place(s) of delivery and reception of prisoners of war, and shall visit the prisoner of camps of both sides to comfort the prisoners of war and to bring in and distribute gift articles for the comfort and welfare of the prisoners of war. The joint Red Cross teams may provide services to the prisoners of war.

The joint Red Cross teams may provide service to prisoners of war while on route from prisoners of war camps to the place(s) of delivery and reception of prisoners of war.

b. The joint Red Cross teams shall be organized as set forth below :

(1) One team shall be composed of twenty(20) members, namely, ten(10) representatives from the national red Cross Societies of each side, to assist in the delivering and receiving of prisoners of war by both sides at the place(s) of delivery and reception of prisoners of war.

The chairmanship of this team shall alternate daily between representatives from the Red Cross Societies of the two sides. The work and services of this team shall be coordinated by the Committee for Repatriation 0f Prisoners of War.

(2) One team shall be composed of sixty(60) members namely, thirty(30) representatives from the Red Cross Societies of each sides, to visit the prisoner of war camps under the administration of the Korean People's Army and the Chinese People's Volunteers. This team may provide

services to prisoner of war camps to place(s) of delivery and reception of prisoners of war.

A representative of the Red Cross Societies of the Democratic People's Republic of Korea or of the Red Cross Society of People's Republic of China serve as chairman of this team.

(3) One team shall composed of sixty(60) members, namely, thirty(30) representatives from national Red Cross Societies of each sides, to visit the prisoner of war camps under the administration of the United Nations Command.

This team may provide service to prisoners of war while on route from the prisoner of war camps to the place(s) of delivery and reception of prisoners of war. A representatives from national Red Cross Society of a nation contributing forces to the United Nations Command shall serve as chairman of this team.

(4) In order to faciliate the functioning of each joint Red Cross team, sub-teams composed of not less than two(2) members from the team, with an equal number of representative from each side, may be formed as circumstance require.

(5) Additional personnel such as drivers, clerks, and interpreters, and such equipment as may be re-

quired by the joint Red Cross teams to perform their missions, shall be furnished by the Commander of each side to the team operating in the territory under his military control.

(6) Whenever jointly agreed upon by the representatives of bothe sides any joint Red Cross team, the size of such team may be increased or decreased, subject to conformation by the committee for Repatriation of Prisoners of War.

c. The Commander of each side shall cooperate fully with the joint Red Cross teams in the performance of their functions, undertake to insure the security of the personnel of the joint Red Cross team in the area under his military control.

The Commander of each side shall provide such logistic, administrative, and communications facilities as may required by the team operating in the territory under his military control.

d. The joint Red Cross teams shall be dissolved upon completion of the program of repatriation of all the prisoners of war specified in Sub-paragraph 51a hereof, who insist upon repatriation.

58. a. The Commander of each side shall furnish to the Commander of the other side as soon as practicable, but not late ten(10) days after this Armistice

Agreement becomes effective, the following information concerning prisoners of war.

(1) Complete data pertaining to the prisoners of war who escaped since the effective date of the data last exchanged.

(2) Insofar as practicable, information regarding name, nationality, rank, and other identification data, date and cause of death, and place of burnial, of those prisoners of war who did while in his custody.

b. If any prisoners of war escape or die after the effective date of the supplementary information spcified above, the detaining side shall furnish to other side, through the Committee for Repatriation of Prisoners of War, the data pertainning thereto in accordance with the provision of Sub-paragraph 58a hereof. Such data shall be furnished at ten day intervals until the completion of the program of delivery and reception of prisoners of war.

c. Any escaped prisoner of war who returns to the custody of the detaining side after the completion of the program of delivery and reception of prisoners of war shall be delivered to the military Armistice Commission for disposition.

59. a. All civilians who, at the time this Armistice Agreement

becomes effective, are in the territory under the military control of the Commander-in-Chief, United Nations Command, and who, on 24 Jun 1950, resided north of the Military Demarcation Line established in this Armistice Agreement, if they desire to return home, be permitted and assisted by the Commander-in-Chief, United Nations Command, to return to the area north of the Military Demarcation Line; and all civilians who, at the time this Armistice Agreement becomes effective, are in territory under the military control of Supreme Commander of the Korean People's Army and the Commander of the Chinese People's Volunteers, and who, on 24 June 1950, resided south of Military Demarcation Line established in this Armistice Agreement shall, if they desire to return home, be permitted and assited by the Supreme Commander of the Korean People's Army and the Commander of the Chinese People's Volunteers to return to the area south of Military Demarcation Line.

The Commander of each side shall be responsible for publicizing widely throughout territory under his military control the contents of the provisions of this Sub-paragraph, and for calling upon the appropriate civil authorities to give necessary guidance and assistance to all such civilians who desire to return home.

b. All civilians of foreign nationality who, at the time this Armistice Agreement becomes effective, are in territory under the military control of the Supreme Commander of the Korean People's Army and the Commander of the Chinese People's Volunteers shall, if they desire to proceed to territory under the military control of Commander-Chief United Nations Command, be permitted and assisted to do so; all civilians of foreign nationality who, at the time this Armistice Agreement becomes effective, are in territory under the military control of the Commander-in-Chief, United Nations Command, shall, if they desire to proceed to territory under the military control of the Supreme Commander of the Korean People's Army and the Commander of the Chinese People's Volunteers, be permitted and assisted to do so.

The Commander of each side shall be responsible for publicizing widely throughout the territory under the military control the contents of the provisions of this Sub-paragraph and for calling upon the approperiate civil authorities to give necessary guidance and assistance to all such civilians of foreign nationality who desire to proceed to territory under the military control of the Commander of the other side.

c. Members to assist in the return of civilians provided for in Sub-paragraph 59a hereof and the movement of civilians provided for in Sub-paragraph 59b hereof shall be commenced by both sides as soon as possible after this Armistice Agreement becomes effective.

d. (1) A Commander for Assisting the Return of Displaced Civilians is hereby established. It shall be composed four(4) officers of field grade two(2) of whom shall be appointed by the Commander-in-Chief, United Nations Command, and two(2) of whom shall be appointed jointly by the Supreme Commander of the Korean People's Army and the Commander of the Chinese People's Volunteers,

This Committee shall, under the general supervision and direction of the Military Armistice Commission, be responsible for coordinating the specific plans of both sides for assitance to the return of the above mentioned civilians, and for supervising the excursion by both sides of all the provisions of the Armistice Agreement relating to the return of the above-mentioned civilians.

It shall be the duty of this Committee to make necessary arrangements, including those of transportation, for expediting and coordinating the movement of the above-mentioned civilians; to select the crossing point(s) through which the above-mentioned civilians will cross the Military Demarcation Line; to arrange for security at the crossing point(s); and to carry out such other functions as are required to accomplish to the return of above-mentioned civilians.

(2) When unable to reach agreement on any matter relating to its responsiblities, the Committee for Assisting the Return of Displaced Civilians shall immediately refer such matter to the Military Armistice Commission for decision. The Committee for Assisting the Return of Displaced Civilians shall maitain its headquarters in proximity to the headquarters of the Military Armistice Commission.

(3) The Committee for Assisting the Return of Displaced Civilians shall be dissolved by the Military Armistice Commission upon fulfilment of its mission.

ARTICLE IV

RECOMENDATION TO THE GOVERNMENTS CONCERNED ON BOTH SIDES

60. In order to insure the peaceful settlement of the Korean question, the military Commanders of both sides hereby recommend to the governments of the countries corcerned on both sides, that, within three(3) months after the Armistice Agreement is signed and becomes effective, a political conference of a higher level of both sides be held by representative appointed respectively to settle through negotiation the questions, of the withdrawl of all foreign forces from Korea, the peaceful settlement of the Korean question, etc.

ARTICLE V MISCELLANEOUS

61. Amendments and additions to this Armistice Agreement must be mutually agreed to by the Commanders of the opposing sides.
62. The Article and Paragraph of this Armistice Agreement shall remain in effect untill expressly superseded either by mutually acceptable amendments and additions or

by provision in an appropriate agreement for a peaceful settlement at political level between both sides.

63. All of the provisions of this Armistice Agreement other than Paragraph 12, shall become effective at 22:00 hours on 27 JULY 1953, Done at Panmunjom, Korea, at 10:00 hours on the 27th day of JULY, 1953, in English, Korean, and Chinese, all texts being equally authentic.

MARK W.CLARK
General, United States Army
Commander-in-Chief,
United Nations Command

KIM IL SUNG   PENG TEH HUAI
Marshal, Democratic Commander,
People's Republic of Korean People's Army
Chinese People's of Volunteers
Supreme Commander

Present
WILLIAM K. HARRISSON, JR. Lieutenant General,
United States Army Senior Delegate,
United Nations Command Delegation

NAM IL

General Korean People's Army, Senior delegate,
Delegation of the Korean People's Army
and the Chinese People's Volunteers.

ANNEX

TERMS OF REFERENCE FOR NEUTRAL NATIONS
REPATRIATION COMMISSION
(See Sub-paragraph 51b)

1 GENERAL

1. In order to ensure that all prisoners of war have the opportunity to exercise their right to be repatriated following an armistice, Sweden Switzland Poland, CZechoslovakia and India shall each be requested by both sides to appoint a member to a Neutral Nations Repatriation Commission which shall be established to take custody in Korea of those prisoners of war who, while in the custody of the detaining powers, have not exercised their right to be repatriated.

   The Neutral Nations Repatriation Commission shall establish its headquarters within the Demilitarized Zone in the vicinity of Panmunjom, and shall station subordinate bodies of the same composition as the Neutral Nations Repatriation Commission at those locations at which the Repatriation Commission assumes custody of prisoners of war. Representatives of both sides shall permitted to observe the operations of the Repatriation Commission and its subordinate bodies to include explanation and interviews.

2. Sufficient armed forces and any other operating personnel required to assist the Neutral Nations Repatriation Commission in carrying out its fuctions and responsibilities shall be provided exclusively by India, whose representative shall be the umpier in accordance with the provisions of Article 132 of the Geneva Convention and shall also be chairman and executive agent of the Neutral Nations Repatriation Commission. Representatives from each of other four powers shall be allowed staff assistance in equal number not to exceed fifty(50) each. When any of the representative of the neutral nations is absent for some reason, that representative shall deligate an alternate representative of his own nationality to exercise his functions and authority. The arms of all personnel provided for in this paragraph shall be limited to military police type small arms.

3. No force or threat of force shall be used against the prisoners of war specified in Paragraph 1 above to prevent

or effect their redatriation, and no violece to their persons or affront to their dignity or self-respect shall be permitted in any manner for any purpose whatsever. **but see Paragraph 7 below**

This duty is enjoined on and entrusted to the Neutral Nations Repatriation Commission. This Commission shall ensure that prisoners of war shall at all times be treated humanely in accordance with the specific provisions of Geneva Convenetion. and with the general spirit of that Convention.

II CUSTODY OF PRISONERS OF WAR

4. All prisoners of war who have not exercised their right repatriation following the effective date of the Armistice Agreement shall be released from the military control and from the custody of the detaining side as soon as practicable, and, in all cases, within sixty(60) days subsequent to the effective date this Armistice Agreement to the Neutral Nations Repatriation Commission at locations in Korea to be designated by the detaining side.
5. At the time the Neutral Nations Repatriation Commission assumes control of the prisoner of war installations, the military forces of the detaining side shall be withdrawn there from, so that the locations specified in the preced-

ing Paragraph shall be taken over completely by the armed forces of India.

6. Notwithstanding the provision of Paragraph 5 above, the detaining side shall have the responsibility for maintaining and ensuring security and order in the area around the locations where the prisoners of war in custody and for preventing and restraing any armed forces**including irregular armed forces** in the area under its control from any acts of disturbance and intrution against the locations where the prisoners of war are in custody.

7. Notwithstanding the provision of Paragraph 3 above, nothing in this agreement shall be constructed as derigating from the authority of the Neutral Nations Repatriation Commission to exercise its legitimate functions and responsibilities for the control of the prisoners of war under its temporary jurisdiction.

III EXPLANATION

8. The Neutral Nations Repatriation Commission, after having received and take into custody all these prisoners of war who have not exercised their right to be repatriated, shall immediately make arrangements so that within ninety(90) days after the Neutral Nations Repatriation Commission take over the custody, the nations to which

the prisoners of war belong shall have freedom and facilities to send representatives to the locations where such prisoners of war are in custody to explain to all the prisoners of war depending upon these nations their rights and to inform them of any matters relating to their return to their homelands, particulary of their full free to return home to lead a peaceful life, under the following provisions;

a. The number of such explaining representatives shall not exceed seven(7) per thousand prisoners of war held in custody by the Neutral Nations Repatriation Commission; and the minimum authorized shall not be less than a total of five(5);

b. The hour during which the explaining representatives shall have access to the prisoners shall be as determined by the Neutral Nations Repatriation Commission, and generally in accord with Article 53 of the Geneva Convention Relative to the Treatment of Prisoners of War;

c. All the explanations and interviews shall be conducted in the presence of representative of each member nation of the Neutral Nations Repatriation Commission and a representative from the detaining side;

d. Additional provisions governing the explanations

work shall be prescribed by the Neutral Nations Repatriation Commission, and will be designed to employ the principles ennumerated in Paragraph 3 above and in this Paragraph;

　　e. The explaining representatives, while engaging in their work, shall be allowed to bring with them necessary facilities and personnel for wireless communications. The number of communications personnel shall be limited to one team per location at which explaining representatives are in residence, except in the event all prisoners of war are concentrated in one location, in which case, two(2) teams shall be permitted. Each team shall consist of not more than six(6) communications personnel.

9. Prisoners of war in its custody shall have freedom and facilities to make representation and communications to the Neutral Nations Repatriation Commission and to representative and subordinate bodies of the Neutral Nations Repatriation Commission and to inform them of their desires on any matter concerning the prisoners of war themselves, in accordance with arrangement made for the purpose by the Neutral Nations Repatriation Commission.

IV DISPOSITION OF PRISONERS OF WAR

10. Any prisoner of war who, while in the custody of the Neutral Nations Repatriation Commission, decides to exercise the right of repatriation, shall make an application requesting repatriation to a body consisting of representative of each member nation of the Neutral Nations Repatriation Commission. Once such an application is made, it shall be considered immediately by the Neutral Nations Repatriation Commission or of its subordinate bodies so as to determine immediately by majority vote the validity of such application. Once such an application is made to and validated by the Commission or one of its subordinate bodies, the prisoner of war concerned shall immediately be transferred to and accommodated in the tent set up for those who are ready to be repatriated. Therafter he shall while still in the custody of the Neutral Nations Repatriation Commission, be delivered forthwith to the prisoner of war exchange point at Panmunjom for repatriation under the procedure prescribed in the Armistice Agreement.

11. At the expiration of ninety(90) days after the transfer of custody of the prisoners of war to the Neutral Nations Repatriation Commission, access of the repre-

sentatives to captured personnel as provided for in Pargraph 8 above, shall terminate, and the question of disposition of the prisoners of war who have not exercised their right to be repatriated shall be submitted to the Political Conference recommended to be convened in Paragraph 60, Draft Armistice Agreement, which shall endeavor to settle this question wthin thirty(30) days, during which period the Neutral Nations Repatriation Commission shall continue to retain custody of those prisoners of war. The Neutral Nations Repatriation Commission shall declare the relief from the prisoner of war status of any prisoners of war who have not exercised their right to be repatriated and for whom no other disposition has been agreed by the Political Conference within one hundred and twenty(120) days after the Neutral Nations Repatriation Commission has assumed their custody. Thereafter, according to the applicationof each individual, those who choose to go to the neutral nations shall be assisted by the Neutral Nations Repatriation Commission and the Red Cross Society of India. This operation shall be completed wthin thirty(30) days, and upon its completion, the Neutral Nations Repatriation Commission shall immediately cease its functions and declare its dissolution. After the dissolution of the Neutral Nations

Repatriation Commission, whenever and wherever any of those above mentioned civilians who have, been relieved from the prisoner of war status desire to return to their fatherlands, the authorities of the localities wher they are shall be responsible for assisting in returning to their fatherlands.

V. RED CROSS VISITATION

12. Essential Red Cross service for prisoners of war in custody of the Neutral Nations Repatriation Commission shall be provided by India in accordance with regulations issued by the Neutral Nations Repatriation Commission.

VI. PRESS COVERAGE

13. The Neutral Nations Repatriation Commission shall insure freedom of the press and other news media in observing the entire operatting as enumerated herein, in accordance with procedure to be established by the Neutral Nations Repatriation Commission.

VII. LOGISTICAL SUPPORT FOR PRISONERS OF WAR

14. Each side shall provide logistical support for the prisoners of war in the area under its military control, delivering required support to the Neutral Nations Repatriation Commission at an agreed delivery point in the vicinity of each prisoner of war installation.

15. The cost of repatriating prisonrs of war to the exchange point at Panmunjom shall be borne by the detaining side and cost from the exchange point by the side on which said prisoners depend, in accordance with Article 118 of the Genenva Convention.

16. the Red Cross Society of India shall be responsible for providing such general service personnel in the prisoner of war installation as required by the Neutral Nations Repatriation Commission.

17. The Neutral Nations Repatriation Commission shall provide medical support for the prisoners of war as may be practicable. The detaing side shall provide medical support as practicable upon the request of for the Neutral Nations Repatriation Commission and specifically for those cases requiring extensive treatment or hospitalization.

   The Neutral Nations Repatriation Commission shall maintain custody of prisoners of war during such hospitalization. The detaing side shall facilitate such custody. Upon completion of treatment, prisoners of war shall be returned to prisoner of war installation as specified in Paragraph 4 above.

18. The Neutral Nations Repatriation Commission is entitled to obtain from both sides such legitimate assistance as it may require in carrying out its duties and tasks, but both sides shall not under any name and in any form interfere or exert influence.

VIII. LOGISTICAL SUPPORT FOR THE NEUTRAL NATIONS REPATRIATION COMMISSION

19. Each side shall be responsible for providing logistical support for the personnel of the Neutral Nations Repatriation Commission stationed in the area under its military control, and both sides shall contribute on an equal basis to such report within the Demilitarized Zone.

    The percise arrangements shall be subject to determination between the Neutral Nations Repatriation Commission and the detaining side each case.

20. Each of the detaining side shall be responsible for protecting the explaining representatives from the other side while in transit over lines of communication with-

in its area, as set forth in Paragraph 23 for the Neutral Nations Repatriation Commission, to a place of residence and while in residence in the vicinity of but not within each of the locations where the prisoners of war are in custody.

The Neutral Nations Repatriation Commission shall be responsible for the security of such representatives within the actual limits of the locations where the prisoners of war are in custody.

21. Each of the detaining side shall provide transportation, housing, communication, and other agreed logistical support to the explaining representatives of the other side while they are in the area under its military control. Such services shall be provided on a reimbursable basi.

IX. PUBLICATION

22. After Armistice Agreement becomes effective, the terms of this agreement shall be made known to all prisoners of war who, while in the custody of the detaining side, have not exercised their right to be repatriation.

X. MOVEMENT

23. The novement of the personnel of the Neutral Nations Repatriation Commission and repatriated prisoners of war shall be over lines of communications as determined by the command(s) of the opposing side and the Neutral Nations Repatriation Commission. A map showing these lines of communication shall be furnished the command of the opposing side and the Neutral Nations Repatriation Commission. Movement of such personnel, except within locations as designated in Paragraph 4 above, shall be under the control of, and escorted by, personnel of the whose area the travel is being undertaken; however, such movement shall not be subject to any obstruction and coercion.

IX. PROCEDURAL MATTERS

24. The interpretation of this agreement shall rest with the Neutral Nations Repatriation Commission, The Neutral Nations Repatriation Commission, and or any subordinate bodies to which functions are delegated or assigned by the Neutral Nations Repatriation Commission, shall operate on the basis of majority vote.

25. The Neutral Nations Repatriation Commission shall submit a weekly report to the opposing Commanders on the status of prisoner of war in its custody, indicating the number repatriated and remaining at the end of each week.
26. When this agreement has been acceded to by both sides and by the five powers named herein, it shall become effective upon the date the Armistice becomes effective.
27. Done at Panmunjom, Korea, at 14:00 hours on the 8th day of June 1953, in English, Korean, Chinese, all texts being equally athentic.

NAM IL
General, Korean People's Army, Senior Delegate,
Delegation of the Korean People's Army
and the Chinese People's Voulunteers

WILLIAM K. HARRISON, JR. Lieutenant General,
United States Army Senior Delegate,
United Nations Command Delegation

TEMPORARY AGREEMENT SUPPLEMENTARY TO THE ARMISTICE AGREEMENT
In order to meet the requirements of the disposition of the

prisoners of war not for direct repatriation in accordance with the provisions of the Terms of Reference for Neutral Nations Repatriation Commission, the Commander -in-chief, United Nations Command, on the other hand, and the Supreme Commander of the Korean People's Army and the Commander of the Chinese People's Volunteers, on the other hand, in pursuance of the provisions in Paragraph 61 Article v of the Agreement concerning a military armistice in Korea, agree to conclude the following Temporary Agreement supplementary to the Armistice Agreement:

1. Under the provisions Paragraph 4 and 5, Article II of the Terms of Reference for Neutral Nations Repatriation Commission, United Nations Command, has the right to designate the area between the Military Demarcation Line and the eastera and southern boundaries of the Demilitarized Zone between Imjin River on the south and road leading south from Okum-ni on the northeast, **the main road leading southeast from Panmunjum not included** as the area within which the United Nations Command will turn over the prisoners of war, who are not directly repatriated and whom the United Nations Command has the responsibility for keeping under its custody, to the Neutral Nations Repatriation Commission and the armed forces of India for custody.

The United Nations Command shall, prior to the signing of the Armistice Agreement, inform the side of the Korean People's Army and the Chinese People's Volunteers of the approximate figures by nationality of such prisoners of war held in its custody.

2. If there are prisoners of war under their custody who request not to be directly repatriated, the Korean People's Army and the Chinese People's Volunteers have the right to designate the area in the vicinity of Panmunjom between the Military Demarcation Line and the western and northern boundaries of the Demilitarized Zone, as the area within which such prisoners of war will be turned over to the Neutral Nations Repatriation Commission and the armed forces of India for custody. After knowing that there are prisoners of war under their custody who request not to be directly repatriated, the Korean People's Army and the Chinese People's Volunteers shall inform the United Nations Command side of the approximate figures by nationality of such prisoners of war.

3. In accordance with Paragraph 8, 9 and 10, Article I of the Armistice Agreement, the following paragraph are hereby provided :

   a. After cease fire comes into effect, unarmed personnel each side shall be specifically authorized by the

Military Armistice Commission to enter the above mentioned area designated by their own side to perform necessary construction operations.

None of such personnel shall remain in the above-mentioned area upon the completion of the construction operations.

b. A definite number of prisoners of war as decided upon by both sides and who are in the respective custody of both sides and who are not directly repatriated, shall be specifically authorized by the Military Armistice Commission to be escorted respectively by a certain number of armed forces of the detaining sides to be turned over the Neutral Nations Repatriation Commission and the armed forces of India for custody. After the prisoners of war have been taken over, the armed forces of detaining sides shall be withdrawn immediately from the areas of custody to the area under the control of their own side.

c. The personnel of the Neutral Nations Repatriation Commission and its subordinate bodies, the armed forces of India the Red Cross Society of India. the explaining representatives and observation representatives of both sides, as well as the required material and equipment, for exercising the functions provided for in the Terms of Reference for Neutral Nations Repatriation Commission shall be specifically authorized by the Military Armistice Commission to have the complete freedom of movement to, from, and within the above-mentioned areas designated respectively by both sides for the custody of prisoners of war.

4. The provisions of Sub-Paragraph 3c of this agreement shall not be construed as derogating from the privileges enjoyed by those personnel mentioned above under Paragraph 11, Article 1 of the Armistice Agreement.
5. This Agreement shall be abrogated upon the completion of the mission provided for in the Terms of Reference for Neutral Nations Repatriation Commission.

Done at Panmunjom, Korea, at 10:00 hours on the 27th day of July, 1953, in English, Korean, and Chinese, all texts being equally authentic.

MARK W. CLARK
General, United States Army
Commader-in-Chief,
United Nations Command

KIM IL SUNG PENG TEH_HUAI
Marshal, Democratic Commander,

People's Republic   Chinese People's
of Korea   Volunteers
Supreme Commander,
Korean People's Army

PRESENT

WILLIAM K. HARRISON, JR. Lieutenant General, United States Army Senior Delegate, United Nations Command Delegation

NAM IL

General, Korean People's Army, Senior Delegate, Delegation of the Korean People's Army and the Chinese People's Voulunteers

남북 사이의 화해와 불가침 및 교류협력에 관한 협의서

1992년 2월 19일 발효

　남과 북은 분단된 조국의 평화적 통일을 염원하는 온 계레의 뜻에 따라 7·4남북공동성명서에서 천명된 조국통일 3대 원칙을 재확인하고 정치·군사적 대결 상태를 해소하여 민족적 화해를 이룩하고 무력에 의한 침략과 충돌을 막고 긴장 완화와 평화를 보장하며 다각적인 교류 협력을 실현하여 민족 공동의 이익과 번영을 도모하며 쌍방 사이의 관계가 나라와 나라 사이의 관계가 아닌 통일을 지향하는 과정에서 잠정적으로 형성되는 특수관계라는 것을 인정하고 평화통일을 성취하기 위한 공동의 노력을 경주할 것을 다짐하면서 다음과 같이 합의하였다.

제1장 남북화해
제1조 남과 북은 서로 상대방의 체제를 인정하고 존중한다.
제2조 남과 북은 서로 상대방의 내부 문제에 간섭하지 않는다.
제3조 남과 북은 서로 상대방에 대한 비방 중상을 하지 아니한다.
제4조 남과 북은 서로 상대방을 파괴 전복하려는 일체 행위를 하지 아니한다.
제5조 남과 북은 현 정전 상태를 남북 사이의 공고한 평화 체제로 전환시키기 위하여 공동으로 노력하며 이러한 평화 상태가 이룩될 때까지 현 군사정전협정을 준수한다.
제6조 남과 북은 국제무대에서 대결과 전쟁을 중지하고 서로 협

력하며 민족의 존엄과 이익을 위하여 공동으로 노력한다.

제7조 남과 북은 서로 긴밀한 연락과 협의를 위하여 이 합의서 발효 후 3개월 안에 판문점에 남북연락사무소를 설치, 운영한다.

제8조 남과 북은 이 합의서 발효 후 1개월 안에 본 회담 테두리 안에서 남북정치분과위원회를 구성하여 남북 화해에 관한 합의의 이행과 준수를 위한 구체적 대책을 협의한다.

제2장 남북 불가침

제9조 남과 북은 상대방에 대하여 무력을 사용하지 않으며 상대방을 무력으로 침략하지 아니한다.

제10조 남과 북은 의견대립과 분쟁문제들을 대화와 협상을 통하여 평화적으로 해결한다.

제11조 남과 북의 불가침 경계선과 구역은 1953년 7월 27일자 군사정전에 관한 협정에 규정된 군사분계선과 지금까지 쌍방이 관할하여 온 구역으로 한다.

제12조 남과 북은 불가침의 이행과 보장을 위하여 이 합의서 발효 후 3개월 안에 남북군사공동위원회를 구성·운영한다. 남북군사공동위원회에서는 대규모 부대이동과 군사연습의 통보 및 통제문제, 비무장지대의 평화적 이용문제, 군 인사교류 및 정보교환문제, 대량살상무기와 공격능력의 제거를 비롯한 단계적 군축실현문제, 검증문제 등 군사적 신뢰조성과 군축을 실현하기 위한 문제를 협의, 추진한다.

제13조 남과 북은 우발적 무력충돌과 그 확대를 방지하기 위하

여 쌍방 군사 당국자 사이의 직통전화를 설치, 운영한다.
제14조 남과 북은 이 합의서 발효 후 1개월 안에 본 회담 테두리 안에서 남북군사분과위원회를 구성하여 불가침에 관한 합의의 이행과 준수 및 군사적 대결 상태를 해소하기 위한 구체적 대책을 세우도록 한다.

제3장 남북교류 협력 및 제4장 수정 및 발효 생략.-

참고문헌

海州邑誌, 海州牧編, 1871年.
黃海道誌, 黃海道敎育會編, 1937年.
大東地志 卷十七, 康翎縣 鎭堡條, 復刻板 參照.
學術調査報告書-延坪島 小靑島 諸島嶼-, 서울大學術調査團, 1958年.
6·25事變史, 陸軍本部, 1959年.
鄭成觀, 板門店秘史, 1954年.
大韓民國海軍史-作戰編 第一輯, 海軍本部, 1954.
崔德新, 내가 겪은 판문점, 1955年.
Allen Richard C. Korea's Syngman Rhee : An Unauthorized Portrait, Tuttle, 1960年.
吳栢棟, 白翎島史, 샘터사, 1967年.
北韓摠監, 1945~1968 同委員會編, 共産圈問題硏究所, 1968年.
以北五道三十年史, 第四.五章編, 1970年.
宋孝淳, 北傀挑發三十年, 北韓硏究所, 1978年.
北傀의 對南挑發史-1945. 8~1980. 4, 內外通信社, 1980年.
島嶼.落島現況, -地方開發企劃資料 第1號- 內務部, 1981年.
黃海道誌, 同編纂委員會編, 1982年.
朴實, 韓國外交秘史, 井湖出版社, 1984年.
韓國戰에서의 유엔군 遊擊戰, 陸軍本部 軍事硏究室, 1988年.
三八線初期戰鬪-西部戰線編-, 國防部 戰史編纂委員會, 1989年.
丁一權, 戰爭과 休戰, 東亞日報社, 1986年.
박종성, 韓國의 領海, 法文社, 1991年.
甕津郡 茄川鄕誌 茄川面民會編, 1992年.
한국전쟁사 1~5권, 전쟁기념사업회, 1992年.
金基兆, 三八線分割의 歷史, 東山出版社, 1994年.
甕津郡民會誌, 同委員會編, 1995年.
국방백서-1994~1996-, 대한민국 국방부, 1996年.
李漢基, 韓國의 領土, 서울대학교출판부, 1996年.
대한민국국방부, 서해 해상분계선 관련 북한주장의 부당성 및 우리의 입장, A4 21쪽 유인물 GOVP.(19917171) 국방부, 1999年 10月.
方仁傑, 북한의 법적 지위에 관한 연구, 한국해양대 대학원 석사논문, 2006年 8月.
金泰俊, 연평해전의 전술적 전략적 정치적 의미와 가치에 대한 연구, 국방대학원, 2001年.
金泰俊, 연평해전의 정의와 성격에 관한 연구, 2000年.
신왕철, 북방한계선과 해상분계선, 동의대 대학원 석사논문, 2001年 2月.
鄭長勳, 北方限界線에 관한 연구, 조선대 정책대학원, 석사논문, 2003年 2月.
金顯洙, 북방한계선과 남북간 해상경계선 〈해양안보칼럼〉, 2000年.
文彩植, 국제법상 북한상선의 NLL선과 영해통항에 대한 고찰, 목포해양대학 논문집 제9輯, 2002年.
이재민, 북방한계선NLL과 관련된 국제법적 문제의 재검토, 서울국제법연구, 2008年.